OBSERVATIONS

SUR

L'ART DE FAIRE LE VIN.

OBSERVATIONS

SUR

L'ART DE FAIRE LE VIN,

PAR M.r J. A. CHAPTAL,

1 vol. in-8.°, avec Planches, 1807.

PAR J. F. CHARPENTIER COSSIGNY,

Ex–Ingénieur, Membre honoraire de la Société asiatique de Calcutta, Membre de la Société d'Agriculture du Département de la Seine, et de celle Académique des Sciences; Associé de la Société littéraire des Arts de Batavia, de celles d'Agriculture de Besançon et de Douay, et de celle d'Emulation de l'Isle-de-France; Correspondant de l'Institut National de France.

Generosum et lene requiro.
HORAT.

A PARIS,

Chez { GAGNARD, Imprimeur, rue du Lycée,
LENORMANT, impr.-libr., rue des Prêtres-St.-Germain-l'Auxerrois, n.° 17;
et MARTINET, libr., rue du Coq-St.-Honoré.

1807.

AVERTISSEMENT.

Le peuple disoit autrefois : *Ah ! si le Roi sa-voit !* ... tant étoit grande sa confiance dans la bonne volonté et dans la justice du Monarque. En effet, on doit toujours supposer qu'il veut le bien, et que c'est faute d'instructions, s'il ne le fait pas. Aujourd'hui que l'Empereur n'en manque pas, et qu'il s'est entouré de savans, pour être plus éclairé ; aujourd'hui qu'il manifeste, dans toutes les occasions, son amour pour le bien, c'est-à-dire, pour la prospérité et pour la gloire de l'Empire et pour le bonheur de ses peuples ; aujour-d'hui que le Président de l'Institut National a proclamé, dans le discours qu'il a tenu, au nom de cette célèbre Académie, à Sa Majesté Imp. et Royale, *les intentions généreuses que l'Empereur n'a pas cessé de manifester, même au milieu des camps, en faveur des Sciences, des Lettres et des Arts,* doit-on dire : *Ah! si notre Monarque savoit !* ... Sans doute il est impossible au plus grand homme de l'Univers, quelque vaste que soit son génie, quelque étendue que soit sa bonne volonté, quelque immense que soit son application au travail, d'être parfaitement instruit de tous les détails qui concernent l'administration politique, civile, militaire et financière d'un grand Empire , de tous ceux qui ont rapport au commerce et aux Colonies, sans lesquelles il ne peut y avoir qu'un commerce extérieur borné ; enfin de tout ce qui peut faire fleurir l'agriculture et l'industrie.

L'une des branches les plus intéressantes et les plus importantes de ces deux mamelles de l'État est sans contredit l'œnologie , science qui a rapport à la culture de la vigne, à la préparation des vins et à la fabrication du vinaigre et de l'eau-de-vie.

Quantité d'Agronomes ont donné des préceptes éclairés sur la culture de ce précieux végétal, dont les productions sont devenues un besoin pour beaucoup de François, et fournissent un aliment au commerce intérieur et extérieur de la France ; mais l'art de préparer les vins, et celui d'en composer d'artificiels , ne me paroissent pas avoir atteint le degré de perfection dont ils sont suscep-

tibles , malgré les expériences de quantité d'œnologues et de plusieurs chimistes.

C'est ici le cas de dire : *Si l'Empereur savoit,*
combien sont bornées les connoissances que nous
avons sur l'art de préparer les vins, nul doute
que Sa Majesté ne s'empressât d'encourager, sur
un objet aussi intéressant, les efforts des hommes
industrieux de son vaste Empire. J'ose prédire
d'avance qu'ils donneroient naissance à des découvertes précieuses et brillantes, qui pourroient
avoir de l'influence sur la santé et sur la vigueur des
hommes, qui augmenteroient leurs jouissances,
qui procureroient, par des mixtions sagement et
habilement combinées, ou par des procédés nouveaux, des vins dont on n'a point d'idée, parce
que l'art est dans l'enfance , et qui étendroient le
commerce de la France avec les étrangers, soit
en bonifiant les vins que l'on récolte actuellement ,
soit en opérant leur conservation, soit en occa-
sionnant la production de nouvelles liqueurs
vineuses.

Le fameux Bergasse , frère de celui qui s'est
honorablement distingué dans l'Assemblée Consti-
tuante, étoit venu à bout d'améliorer les vins de

Provence, au point qu'ils étoient non seulement plus agréables au goût et plus sains, mais qu'ils supportoient, sans altération, les plus longs trajets sur mer. J'en ai bu à l'Isle-de-France qui avoient très-bien résisté aux chaleurs de la ligne. Dans *la Description abrégée* du Département du Var, publiée dans l'an IX, par M. Fauchet, Préfet, qui rend justice à l'homme ingénieux, qui avoit créé une cause de prospérité pour ce Département, on lit, page 81, « *M. Bergasse*, de Lyon, par » une manipulation simple, et dont les résultats » n'étoient ni *frauduleux, ni insalubres, tra-* » *vailla* les vins de Provence, et leur donna une » solidité, une couleur et un goût suffisans pour » les mettre en concurrence avec les vins de » Bordeaux. »

« Ces *vins ouvrés*, ajoute-t-il, prirent faveur » en Espagne, en Italie, et sur-tout dans nos Co- » lonies d'Amérique; l'exportation par Marseille » en devint considérable; le prix du vin aug- » menta de moitié; les plantations se multi- » plièrent de toutes parts. Cette seconde source » de richesses égalera dans peu celle qui découle » des oliviers. »

Personne ne peut avoir plu: d'enthousiasme que moi, pour le mérite des travaux de cet excellent et respectable citoyen ; mais l'amour de la vérité m'oblige d'avouer que les *vins ouvrés* de Provence envoyés à l'Isle-de-France , avant la révolution , n'avoient pas *un goût suffisant pour les mettre en concurrence avec ceux de Bordeaux.* Les premiers s'y vendoient la moitié du prix des derniers. Cette manière de juger de leurs qualités respectives me paroît plus sûre que tous les rapports qu'on a pu en faire. Mais c'étoit gagner beaucoup, que d'avoir rendu les vins de Provence propres au commerce et potables, au bout d'un long trajet de mer, et même après avoir passé la ligne. Il se peut que la nature de ces vins ne permette pas que l'on fasse mieux, à moins qu'on n'emploie des mixtions, contre lesquelles s'élèvent les préjugés, parce qu'on les assimile toutes, mal-à-propos, à des falsifications insalubres.

Voilà donc une preuve complète de ce que peuvent l'intelligence, le savoir, la pratique, la constance et le talent de l'observation. Mais je vais plus loin dans mes vœux, et je demande le concours des chimistes, des propriétaires de

vignobles, en un mot de tous les hommes industrieux qui cultivent des vignes et qui préparent
des vins, pour opérer une heureuse révolution
dans l'*Art de faire les vins*; révolution qui ne
pourroit qu'augmenter , à un point étonnant, les
richesses territoriales de la France.

Je veux croire que ç'a été là le but de M. Chaptal,
en publiant une troisième édition de son Traité
d'Œnologie. Le motif est assurément très-louable;
mais l'exécution y répond-elle? ... Si l'on dépouille
son ouvrage de tout ce qu'il a pris chez les auteurs anciens et modernes, de ce qu'il a puisé
dans les manuscrits du célèbre abbé Rozier, que
lui restera-t-il ?... Cependant si l'on en croit ses
assertions distribuées avec emphase dans le cours
de son livre, intitulé l'*Art de faire le vin*, il a
atteint le plus haut période de la science. Il déclare dans l'Avertissement , qu'il *livre son ouvrage
au public, avec cette noble confiance qu'inspirent
l'intérêt du sujet et la conviction où il est que
son ouvrage doit être utile.* Cette magnifique assertion, que l'on passeroit à un homme d'un mérite réel et prouvé, tel que M. Bergasse, n'est encore rien auprès des éloges que notre œnologue

de cabinet fait de ses grandes connoissances en chimie. A l'entendre, il a découvert les secrets de la nature. On est tenté de croire qu'il ne tient qu'à lui de convertir l'eau en vin.

Cependant nous osons déclarer, que les connoissances qu'il étale avec tant de confiance sur *l'Art de faire les vins*, n'ont point le mérite de l'invention, et qu'il y en a plusieurs d'erronnées. Nous osons même assurer qu'on ne trouve dans ce volumineux ouvrage, aucune découverte intéressante. C'est ce que nous tâcherons de prouver dans ce Mémoire. Nous ferons plus, nous indiquerons quelques procédés nouveaux, dans l'espoir qu'ils pourront devenir utiles, et nous attaquerons sans réserve les erreurs de cet auteur. Plus il est accrédité par des titres pompeux, par une grande réputation, par quantité d'ouvrages qui ont obtenu le suffrage de plusieurs savans ses amis, plus l'intérêt qu'inspire le sujet qu'il a traité doit nous donner d'ardeur, pour dévoiler des erreurs qui deviendroient préjudiciables, si elles étoient adoptées.

L'article VIN dans le nouveau Dictionnaire d'Histoire Naturelle, rédigé par M. Parmentier, connu par son amour pour les sciences et pour les arts, et par ses nombreux travaux, qui ont tous pour but l'utilité publique, mérite des éloges, quoiqu'il ait eu la foiblesse d'attribuer l'honneur de ses préceptes à M. Chaptal, qui pourtant n'a rien dit de plus que ce que l'on trouve dans les écrits des œnologues qui l'ont précédé. Mais le citoyen Chaptal étoit Ministre de l'Intérieur, lorsqu'on lui rendoit de tels hommages! aussi lui attribue-t-on *un génie qui lui est propre*, expression qui dans le fond ne signifie pas grand chose, mais qui en impose à la plupart des lecteurs. Il faut bien dire des choses vagues, quand on n'en a pas de positives à louer, et qu'on veut donner des éloges à celui dont on recherche la bienveillance. N'a-t-on pas vu le Grand Corneille s'abaisser jusqu'à rendre hommage à un homme en place. Ceci devroit servir de leçon à tous les Ministres qui savourent les éloges des contemporains ; mais, comme l'a très-bien remarqué le Philosophe Fontenelle, *les fautes des pères sont perdues pour les enfans ;* et malheureusement la flatterie aura toujours son effet, parce que le cœur humain est constamment le même dans tous les siècles.

On trouve dans le Mémoire de M. Parmentier, qui n'a que trente pages, beaucoup plus de choses, que dans le volume de M. Chaptal, qui en a près de quatre cents. Le premier donne des détails curieux et intéressans sur la composition de plusieurs vins, et sur celle de quelques liqueurs vineuses. J'avoue cependant que je ne suis pas de son avis sur tous les points.

1.º A l'occasion du vin *étouffé* dans les tonneaux, dont parloit Olivier de Serres, il y a plus de deux cents ans, l'Auteur paroît être dans le doute sur le succès de ce procédé. Il ignoroit vraisemblablement que cette pratique est suivie en France dans quelques cantons, avec le plus grand succès, et qu'elle donne, au vin préparé de cette manière, une valeur quadruple, ou même quintuple, de celle des vins provenant des mêmes raisins, et préparés suivant l'usage général, c'est-à-dire, par le moyen de la fermentation.

2.º Je ne suis pas encore de son avis, lorsqu'il dit que pour rendre mousseux un vin blanc, il faut y ajouter du sucre candi blanc, qui renouvelle, dit-il, une fermentation dans la liqueur. Premièrement, y a des vins blancs sur lesquels cette addition n'a aucun effet. Secondement, plus le sucre candi est blanc, plus il est privé de ce que nos chimistes appellent *muqueux-doux* ou *mucoso-sucré*, c'est-à-dire, le sucre liquide de M. Proust ; et, d'après leurs propres principes, moins il est propre à la fermentation spiritueuse. Ainsi le sucre candi roux conviendroit mieux à l'opération dont il s'agit que le sucre candi très-blanc. J'ai acheté à la Chine, en 1753, du sucre candi parfaitement purifié ; il ressembloit à des cristaux de roche ; mais il étoit, au goût, moins sucré que le candi ordinaire, d'après l'opinion uniforme de tous ceux qui en ont goûté ; d'où il résulte que le muqueux doux est plus sucré que le sucre cristallisable. C'est une observation qui, ce me semble, n'a pas encore été faite.

D'autres, plus praticiens que moi, auroient pu donner une critique plus complète et mieux raisonnée de l'*Art de faire le vin* ; mais ils ont dédaigné cet ouvrage, ou bien ils ont craint le crédit de l'auteur, tant auprès du Gouvernement, qu'auprès du monde savant, qui en général peu éclairé sur l'œnologie, qu'il n'a étudiée que dans des livres, n'a pas fait difficulté d'accorder des

éloges à l'Ouvrage d'un Ministre. On n'a pas réflé-
chi que le Gouvernement, qui ne désire que la
prospérité publique, accorde toute liberté aux
discussions littéraires ou scientifiques, et que les
savans et les gens instruits de tous les ordres, de
tous les pays , ne recherchent et ne désirent que la
vérité. Ce sont ces réflexions qui m'ont décidé à
entreprendre l'examen de l'ouvrage de M. Chaptal.

Je conviens de bonne-foi, que je n'ai pas une
grande pratique sur l'*Art de faire les vins*. Élevé
en Franche – Comté, près de Besançon, j'ai vu,
dans mon enfance, préparer des vins à la ville et
à la campagne ; je n'étois point alors en état de
faire des observations sur cette opération. Les circonstances m'ayant ensuite transporté dans les
Indes Orientales, où j'ai passé la plus grande partie de ma vie, je n'ai pas été à même d'observer
dans ces pays, où il n'y a point de vignobles, la
culture de la vigne et la préparation des vins.

Mais en 1780, les plaintes portées par les Com-
mandans des troupes et par les Officiers supérieurs de la Marine, contre l'insalubrité des eaux-
de-vie de sucre que l'on fabriquoit alors à l'Isle-
de-France , fixèrent l'attention des deux Adminis-

trateurs en Chef de la Colonie, (MM de Soüillac, Commandant général, et Cheureau, Intendan t.) Il fut reconnu que ces liqueurs étoient empyreumatiques et pernicieuses. On constata qu'on avoit trouvé, dans les rues de la ville et sur les bords des grands chemins, des soldats, des matelots, des noirs, morts par l'effet d'une ivresse qui avoit occasionné beaucoup de désordres. Ces ivrognes, épuisés de fatigues, par l'agitation causée dans les esprits animaux par cette pernicieuse boisson, dont la propriété étoit d'attaquer le genre nerveux, s'étoient couchés à terre dans les rues ou sur le bord des chemins, exposés au soleil, et y avoient péri d'apoplexie. Les deux Administrateurs, qui connoissoient mon zèle pour la chose publique, et qui désiroient trouver dans la Colonie un alcool salubre, pour la consommation du service de terre et de mer, plutôt que de s'en pourvoir chez l'étranger, me demandèrent d'où provenoit le vice de nos eaux-de-vie, et si je croyois qu'on pût le corriger. Je leur répondis que les défauts de ces liqueurs étoient dus à une manipulation mal entendue, et qu'il étoit très-facile de fabriquer des liqueurs spiritueuses dans la Colonie, comparables au rome de la Jamaïque, et même à la fameuse araque de Batavia. Alors ils me supplièrent d'entreprendre des recherches sur un objet aussi important qu'ils avoient fort à cœur, pour le bien de l'humanité, pour la prospérité de la Colonie et pour l'avantage du service du Roi. Je me livrai à ce nouveau travail avec toute l'ardeur qu'ils m'inspirèrent ; je n'épargnai ni veilles, ni soins, ni dépenses, pour remplir les vues bienfaisantes de Chefs si dignes de commander.

Ils firent publier dans la Colonie, par la voie de l'impression, le Mémoire que je leur présentai en 1781, et le Supplément que je leur adressai au commencement de 1782, qui contenoient l'un et l'autre le résultat de mes recherches et de mes expériences, sur la fabrication des eaux-de-vie de sucre, et sur le suc de quelques fruits du pays, tels que la mangue, la jam - malac, la jam - rosad, etc. Dans le même temps je formai sur mes habitations une sucrerie, et je fus bientôt en état de distiller des eaux-de-vie de sucre. J'étudiai alors, plus en grand, que je n'avois pu le faire jusque-là, les phénomènes de la fermentation vineuse, en opérant sur le suc des cannes à sucre, sur les melasses, sur les écumes provenant de la fabrication du sucre. Ce sont ces recherches, qui ont beaucoup d'analogie avec celles que l'on peut faire sur la fermentation du moût, qui m'ont donné quelques connoissances sur la zimotechnie.

Je désire depuis long-temps avoir l'occasion de les appliquer à la préparation des vins, et tenter des expériences qui peut-être me conduiroient à d'heureux résultats; mais les moyens me manquent pour remplir ce vœu d'un bon citoyen. Puissai-je du moins obtenir la satisfaction de mettre sur la voie des recherches des propriétaires éclairés....

J'ai rapporté, dans *mes Recherches physiques et Chimiques sur la fabrication de la poudre à canon*, l'extrait d'une lettre des deux Administrateurs en Chef des Isles-de-France et de Bourbon, à M. le Maréchal de Castries, Ministre de la Marine et des Colonies, en date du 9 septembre 1781, sous le n.° 3, page 241. Je n'ai transcrit de cette lettre que ce qui a rapport à mes travaux sur la fabrication de la poudre. Cet écrit rend aussi compte au Ministre des succès de mes recherches sur la fabrication des eaux-de-vie de sucre.

Après avoir loué mon zèle et mon désintéresse-
ment, les deux Chefs ajoutent ce qui suit :

« Nous pensons, Monseigneur, d'après des
» épreuves qui ont été faites ici par nos ordres,
» que M. de Cossigny a parfaitement rempli nos
» vues... en indiquant aux colons une méthode
» simple de rendre saines les eaux-de-vie de
» sucre, autant que peut l'être une liqueur forte,
» lorsqu'on en prend modérément ; et que son
» travail opérera tout le bien que nous en at-
» tendons, celui de contribuer à la conserva-
» tion des sujets du Roi, et d'exciter l'émulation
» des colons. Par ce moyen, nous espérons trou-
» ver dans les productions de cette Colonie, une
» boisson nécessaire aux serviteurs du Roi, à un
» prix inférieur à celui auquel nous achetions ci-
» devant les araques des Indes. »... etc. etc.

Si je continuois plus loin la citation de cette
même lettre des deux Chefs de la Colonie, on pourroit me reprocher de la vanité, tant leurs témoignages sont flatteurs. Je me borne ici à ce qui a
rapport directement à mon travail sur les eaux-
de-vie de sucre, pour prouver que l'expérience
m'a donné quelques connoissances sur la zimo-

technie. Je suis bien loin de prétendre posséder cette science à fond ; mon intention, en citant ce passage, est seulement de faire connoître que je l'ai étudiée, non par théorie, mais par pratique, et que mes travaux ont obtenu quelques succès.

Dois-je ajouter, que ce travail excita la reconnaissance des distillateurs d'eaux-de-vie de la Colonie, qu'ils se réunirent et qu'ils adressèrent en corps des remercimens aux deux Administrateurs en chef; et les supplièrent de solliciter, auprès du Ministre, des récompenses en ma faveur.

Le fameux chimiste, M. Higgins, a reçu dix mille livres sterlings des planteurs de la Jamaïque et une belle maison de campagne en présent, près de Londres, pour un travail semblable (1). La satisfaction d'avoir été utile à mon pays doit me dédommager du silence absolu de mon Gouvernement.

---

(1) On peut juger du mérite de l'un et de l'autre, en lisant les Mémoires qui ont rapport à la *fabrication du rhum*, dans les tomes XV et XVI des Annales des Arts et manufactures de l'An XII.

OBSERVATIONS

SUR L'ART DE FAIRE LE VIN;

1 *vol.* in-8.º, *par M. CHAPTAL.*

L'AUTEUR, dans l'avertissement qui est à la tête de son ouvrage, donne beaucoup d'éloges à l'article *vin* qu'il a rédigé en 1799, pour faire partie du dixième volume du Cours complet d'agriculture de l'Abbé Rozier. Il parle des traductions qui en ont été faites en pays étrangers, et rapporte l'aveu d'un grand nombre d'agronomes, en sa faveur. Il auroit dû se méfier desdites traductions et desdits aveux, ainsi que du suffrage des physiciens dont il se vante, en se rappelant qu'il étoit Ministre de l'Intérieur, lors de l'affluence de ces éloges. Cette circonstance qu'un auteur n'est guère disposé à interroger, lui auroit révélé le secret du motif des louanges qui lui étoient prodiguées, et l'auroit peut-être rendu circonspect sur ces citations, en lui inspirant des doutes sur leur mérite.

Je tiens de quelques propriétaires de vignes du Languedoc, de la Provence et du Bordelois, que dans ces pays on ne faisoit nul cas des préceptes de M. Chaptal sur l'œnologie. C'est ce qui m'a engagé à lire son ouvrage avec attention.

Au reste, *l'Art de faire le vin* (expression vicieuse à laquelle un écrivain exact auroit substitué celle-ci, *l'Art de préparer le vin*) imprimé cette année, 1807, est exactement le même ouvrage que l'article VIN inséré dans le tome X du *Cours complet d'agriculture* de l'Abbé Rozier que nous avons cité. Ce même article a été imprimé en entier dans l'an X , 1801 , chez Marchant , in-8.° , sous le titre , l'*Art de faire, gouverner et perfectionner le vin.* Ces trois mémoires sont semblables , à l'exception de quelques titres de chapitre. Le dernier n'est donc qu'une répétition des précédens , augmenté peut-être de quelques observations ou explications peu intéressantes. Il eût été honnête d'annoncer le dernier comme une nouvelle édition , qui n'a pas plus de valeur que les premières ; cet avis auroit vraisemblablement empêché quelques bibliomanes d'acheter un *triplicatum.*

La réunion des différens plans de vignes que produit la France , est sans doute une idée heureuse qui a été exécutée dans le jardin du Luxembourg , pendant le Ministère de M. Chaptal. Elle a été conçue par feu l'Abbé Rozier , qui avait formé le projet d'un établissement , dans lequel il vouloit réunir la grande diversité des ceps de la France , pour en dresser une synonimie ; pour connoître chaque espéce de raisins , le genre de terrain et l'exposition qui leur conviennent le mieux ; pour déterminer la culture la plus propre à chacune , la taille la plus avantageuse ; pour constater l'espéce qui mûriroit le plus complètement , et celle qui donneroit le meilleur vin ; pour vérifier quel est le degré de fermentation qu'exige chaque espéce. Enfin , quel est le raisin qui fournit la meilleure eau-de-vie , et en plus grande quantité. C'étoit sur sa terre , à Béziers , qu'il avoit commencé , à ses frais , l'exécution de ce vaste projet , lorsque des dégoûts le forcèrent de changer de demeure.

On avoit entrepris de former un établissement semblable à Bordeaux ; il a été détruit pendant la révolution qui s'est toujours opposée à ce qu'on fît le bien.

M. Chassiron, membre de la Société d'Agriculture de Paris, a lu dans une de ses séances, il y a six ans environ, un mémoire très-détaillé, par lequel il prouvoit les avantages qui résulteroient de l'exécution du même projet.

M. Beguillet, avocat, a proposé ces essais dans son œnologie imprimée à Dijon, en 1770.

Le Grand Duc de Toscane, Léopold, mort Empereur d'Allemagne, avoit exécuté ce projet, long-temps auparavant. Il ne s'en tenoit pas à rassembler, dans le même emplacement, les ceps d'un seul pays, mais ceux de tous les pays où l'on cultive la vigne.

Le Père Prudent de Faucogney, religieux capucin, dit, dans un mémoire imprimé qui a remporté le prix, en 1777, au jugement de l'Académie des Sciences de Besançon, sur une maladie qui attaquoit les vignes de la Franche-Comté : « On compte aujourd'hui jusqu'à trois-» cent-soixante et seize espèces de vignes dans le jardin » du Grand Duc de Florence ». (1 vol. in-12, p. 14).

On voit par ces anecdotes, que le projet du Ministre Chaptal n'est pas nouveau. Cependant l'exécution lui fait honneur, il faut en convenir ; mais elle laisse à désirer que des établissemens semblables soient formés dans différentes parties de la France. On conçoit très-bien que telle espèce de plant de vignes, qui réussiroit à merveille, soit à Béziers, soit à Bordeaux, n'auroit pas le même succès dans l'Orléanois, ou à Paris, ou en Bourgogne, ou en Champagne, etc.

On sait depuis long-temps que les mêmes ceps

transplantés dans un autre sol et sous un autre ciel , se comportent différemment , et qu'ils ne donnent pas les mêmes produits, sur-tout lorsque l'exposition est différente ; mais il sera toujours avantageux et vraisemblablement utile de connoître les changemens qui s'opèrent dans un climat, au moins pour ce pays , sur-tout lorsque ces observations seront faites par un homme du mérite de M. Bosc.

P. 2. « La nature pourrit le raisin sur le cep , tandis » que l'art en convertit le suc , en une liqueur agréable , » tonique et nourrissante qu'on nomme vin ».

L'Auteur dit lui-même , p. 62 et 63 : « Il est des quali- » tés de vin qu'on ne peut obtenir qu'en laissant dessé- » cher sur le cep les raisins qui doivent le fournir. C'est » ainsi qu'à Rivesaltes et dans les îles de Candie et de » Chypre , on laisse faner le raisin avant de le couper. On » dessèche le raisin qui fournit le Tockai. On procède de » même pour quelques raisins liquoreux d'Italie. Les vins » d'Arbois et de Château-Châlons en Franche-Comté , » proviennent de raisins qu'on ne vendange qu'en dé- » cembre. A Condrieux, où le vin blanc est renommé, » on ne vendange que dans le mois de novembre ». Condrieux est par la latitude de 45 degrés et demi. Tockai est par 48 degrés 10 minutes. Arbois et Château-Châlons sont par 47 degrés. Je sais que dans ces deux derniers vignobles , on a le préjugé qu'il est nécessaire , pour que les vins soient bons, que la neige ait passé sur les vignes. Voilà donc des pays où, de l'aveu de l'Auteur , le raisin ne pourrit pas , quoique délaissé sur le cep. Il est donc en contradiction avec lui-même. Sans doute, si on abandonnoit les raisins à eux-mêmes, ils finiroient par pourrir , comme tout ce qui est compris dans les règnes végétal et animal. C'est peut-être ce que l'Auteur a voulu dire. Dans ce cas , il auroit dû s'expliquer plus clairement et plus exactement.

L'Art , dit-il, convertit le suc du raisin , *en une liqueur agréable , tonique et nourrissante*. L'habitude rend tout agréable ; nos goûts dépendent d'elle. Les Indiens et les Chinois ne sont pas de l'avis de l'Auteur ; ils ne veulent point de nos vins. Je crois bien qu'il y a de certains vins liquoreux qui sont *toniques ;* et qu'on éprouveroit cet effet, si l'on n'en buvoit point habituellement : mais je refuse à tous ces vins , excepté à ceux de liqueur , à cause du sucre qu'ils contiennent , en outre de celui qui s'est converti en alcool , d'être *nourrissans.* J'éleverai sans doute contre moi beaucoup de préjugés, en disant que je regarde tous les vins en général , excepté ceux qui sont sucrés , comme plus pernicieux que salutaires , à raison de l'acide et du spiritueux qu'ils contiennent tous plus ou moins , et qui ne paroissent pas propres à faciliter la digestion. M. Béguillet est de cet avis, dans son œnologie , pour de certaines espèces de vins âpres et acides. Il n'y a point de pays où l'on trouve autant de vieillards qu'à la Chine , quoiqu'ils soient très-adonnés aux plaisirs des sens. Ils prétendent que l'usage du ginseng leur donne la faculté de s'y livrer ; mais ils ne boivent point de liqueur spiritueuse. Il n'y a que le bas peuple qui fasse usage de celle qu'on nomme *Samsou* , et qui est détestable au goût et à l'odorat, pour les personnes qui n'y sont pas accoutumées ; ce qui prouve à quel point l'habitude influe sur les goûts de l'homme.

L'art , suivant notre auteur , convertit le moût en

vin, comme si la nature ne faisoit pas tous les frais de la fermentation qui opère cette conversion. Quand on s'avise d'écrire pour instruire le public, il faut être sévère dans le choix des expressions. Nous aurons bien d'autres occasions de relever l'inexactitude et l'impropriété de celles de l'Auteur, à qui je crois avoir prouvé dans mes *Recherches Physiques et Chimiques sur la fabrication de la poudre à canon*, que s'il est un savant, de la classe, dit-on, des Chimistes, il n'est point un écrivain.

Ibid. « Il est difficile d'assigner l'époque précise où » les hommes ont commencé à fabriquer le vin. » Au lieu de dire qu'*il est difficile* d'assigner cette époque, il auroit dû prononcer qu'il est impossible de la désigner. On remonte bien jusqu'à Noé; mais il est vraisemblable que, dans les siècles antérieurs à ce patriarche, les hommes préparoient des liqueurs vineuses, soit avec le jus du raisin, ou d'autres fruits succulens, soit avec le miel, soit avec le suc du cocotier ou du palmier. Les Indiens en préparent une avec la sève de ces deux arbres, depuis un temps immémorial.

Pag. 10. Je passe plusieurs choses minutieuses à reprendre, et je viens à la pag. 10, où l'auteur dit avec raison : » Que le climat, le sol, l'exposition apportent des modifi- » cations infinies à la nature du raisin. » Il auroit dû dire, à la qualité du raisin, à sa forme, à sa grosseur, etc. ; mais je dois remarquer que dans l'énumération qu'il a faite des circonstances qui influent sur la qualité du raisin ; il auroit dû ne pas oublier l'espèce de la vigne, et la culture qu'on lui donne.

Pag. 10 et 11. A entendre monsieur le chimiste, ce n'est que depuis très-peu de temps, c'est-à-dire, *depuis* les *progrès de la chimie*, que l'on sait *faire* les vins; d'où il résulte que les Persans qui préparent, dans les environs de Schiras, un vin célèbre dans tout l'Orient, depuis bien des siècles, doivent leur habile fabrication aux progrès nouveaux de la chimie; que les anciens qui ont vanté l'excellence de tant de vins exquis, se sont trompés, et que les vins de Bourgogne, de Champagne, de Bordeaux, de Condrieux, et d'ailleurs, doivent aux progrès de la chimie moderne, leur excellence, quoique les vignerons de ces pays n'aient pas changé leur méthode de préparer les vins, et qu'ils n'aient rien pris des connaissances que cette science a données sur la vinification. *Vous êtes orfèvre, M. Josse*; mais tâchez d'être conséquent et de ne pas contredire des faits notoires, que vous reconnoissez vous-même pour vrais dans le cours du même ouvrage. Ceci me rappelle que j'ai dit, il y a plus de 20 ans, à l'un de nos fameux : *Soyons chimistes, si nous pouvons; mais avant tout, tâchons de raisonner juste.* J'ajoute ici que la chimie ne seroit plus une science, si elle donnoit le privilége de déraisonner.

Pag. 11. « Non seulement la chimie nous a donné » les moyens d'apprécier les modifications qu'impriment » sur le raisin, les saisons, les climats, le sol, et l'exposi- » tion ; mais en nous éclairant sur la nature des subs- » tances qui déterminent la fermentation, elle nous four- » nit assez de lumières pour la modifier, et l'approprier, » pour ainsi dire, à la nature trés-variable des élémens » qui la constituent. »

Ensuite, pag. 12, l'auteur fait entendre que l'on con- noît *parfaitement la nature de la matière qui fait la base de l'opération.* Comment, avec des connoissances si étendues, si profondes et si *parfaites*, messieurs les chimistes, de la force de M. Chaptal, ne savent-ils pas, je ne dis pas, faire du vin avec de l'eau, opération qui devroit être facile pour eux, en ajoutant à ce liquide les *matières* dont ils *connoissent si parfaitement la nature*, mais seulement convertir le vin de Surène en vin de Bourgogne, et celui de Brie en vin de Champagne ou de Bordeaux, à volonté, etc., etc.

Voici un problême qui ne paroît pas insoluble, en l'aidant d'observations plus approfondies qu'on ne les a faites, et que ces messieurs n'ont pas su résoudre, malgré leur grande science. J'extrais le morceau curieux que je vais citer, du *Traité sur la culture de la vigne*, tom 1, seconde édition, pag. 235 ; dont notre auteur est l'un des coopérateurs, ainsi que M. Parmentier et d'autres savans. Qu'on se rappelle que *la chimie leur a donné les moyens d'apprécier les modifications qu'impriment sur le raisin*, et par conséquent sur le vin, *les saisons, les climats, le sol et l'exposition*, et qu'ils *connoissent parfaitement la nature de la matière qui fait la base de l'opération*. Ce sont les assertions de M. Chaptal.

« Le petit Vignoble de Morachet est situé dans le voi-
» sinage de Poligny (en Franche-Comté), et distingué
» en 3 parties, sous la dénomination de Morachet, de
» Chevalier Morachet, de troisième Morachet. Chacune
» de ces parties n'est séparée que par un sentier ; d'ail-
» leurs, elles forment un ensemble, dont l'exposition est
» la même sur tous les points ; même nature de terrain
» quant à la couche supérieure ; même espèce de vignes ;
» mêmes façons dans la culture ; mêmes époques de
» vendanges ; mêmes soins et mêmes procédés dans la

» fabrication des vins. Jugeons maintenant, par les prix
» des récoltes, de la différence de leurs qualités. Quand
» une pièce de vin du premier Morachet se vend douze
» cents francs, la même mesure récoltée sur le Che-
» valier en vaut huit cents ; et celle du troisième, quatre
» cents seulement. » L'ouvrage que je cite, ne donne
aucune raison d'une différence aussi frappante. Cependant, ne pourroit-t-on pas supposer que la couche inférieure de terre n'est pas la même dans les trois parties
de ce vignoble, ou que les couches plus basses dévelop-
pent des gaz plus ou moins abondans dans une partie
que dans une autre, ou différens les uns des autres ; ou
bien, que le terrain a plus d'humidité dans une partie
que dans une autre? Jusqu'à ce que l'observation ait
confirmé l'une de ces conjectures, on doit, ce me semble,
rester dans le doute. Mais ce n'est pas là le problême
que je propose aux chimistes. Puisqu'ils *connoissent parfaitement la nature de la matière qui fait la base de l'o-
pération*, et qu'ils savent *apprécier les modifications
qu'impriment sur le raisin, les saisons, le climat, le sol,
l'exposition ;* qu'ils nous disent avec précision, sans am-
phigouris, et sans exposer savamment des systèmes qui
n'apprennent rien de positif, quelle est la nature de la
matière qui apporte une si grande différence dans le
produit des trois parties de Morachet? En outre, pour
convaincre les incrédules de la vérité de leur *certaine
science*, qu'ils opèrent sur les vins du Chevalier et du
troisième Morachet, pour les rendre de la même qualité que celui du premier? Alors nous pourrons croire
qu'ils ont quelques-unes des connoissances qu'ils s'attri-
buent avec tant d'emphase. Jusque-là : *Sunt verba et*

voces, prætereà que nihil. La chimie est une science positive, quand elle décrit des faits avec exactitude ; mais elle devient occulte, quand on veut les expliquer, et sur-tout quand on donne des conjectures pour des vérités incontestables. Les chimistes du commencement du dernier siècle croyoient être bien sûrs de la vérité des explications qu'ils inventoient, des phénomènes qu'ils observoient. La découverte des gaz est venue déranger tous leurs systèmes. Qui sait si l'on ne fera pas quelque autre découverte qui forcera de changer les théories modernes ?

Pag. 16. « La vigne, ainsi que toutes les autres pro-
» ductions de la nature, a des climats qui lui sont af-
» fectés ; c'est entre le 35.ᵉ et le 5o.ᵉ degrés de latitude,
» qu'on peut se promettre une culture avantageuse de
» cette production végétale. » Cette assertion n'est pas exacte. Madère, par 5o degrés et demi ; Ténériffe, par 28 et demi ; la colonie du Cap de Bonne-Espérance, par 51, 52, 53, et 34 degrés de latitude méridionale, cultivent des vignes avec succès. Schiras, capitale du Far-sistan dans la Perse, par 29 degrés 36 minutes de latitude, produit en abondance d'excellent vin *célèbre dans tout l'Orient.* J'ai vu des vignes à Tranquebaër et à Pondichery, situés l'un et l'autre sur le bord de la mer, à la Côte de Coromandel, entre 11 et 12 degrés de latitude septentrionale, qui donnoient deux fois l'année de très-bons et beaux fruits, en abondance. On en avoit tiré les plants des environs de Chéringan-Patnam, et de Trichenapaly, qui sont à-peu-près par la même latitude (11 degrés 5o minutes). On ne prépare pas du vin avec ce raisin indien, parce que cette liqueur n'obtien-

droit pas de consommation dans le pays ; mais on ne peut pas douter que le suc d'un raisin aussi excellent, travaillé par des mains intelligentes, ne fût propre à être converti en vin.

Pag. 20. « On convient assez généralement que les » vignes du Cap proviennent de plants de Bourgogne, » qui y ont été apportés par des vignerons de Bourgogne, » pour les y cultiver, et y faire le vin par les pro— » cédés de cette province. » Cette erreur inconcevable s'est accréditée on ne sait comment. Quelques protestans français, dans le temps de la révocation de l'édit de Nantes, se sont transplantés au Cap de Bonne-Espé-rance. Leurs descendans qui habitent le même quartier, forment une espéce de petite colonie à part, que nous nommons, nous autres Français, *la petite Rochelle*, parce que nous savons par tradition que cette émigration s'est faite à la Rochelle. J'ai vu du haut de la montagne de Table-Baie, ce petit quartier, situé de l'autre côté de la baie ; il paraissoit très-bien cultivé : mais ce n'est point là où se trouve le fameux vin de Constance. Cette anec-dote n'a aucun rapport aux vignerons émigrés de la Bourgogne. Je demande comment des paysans de ce pays auroient pu transporter au Cap de Bonne-Espé-rance, des plants de vignes en état de végéter ? C'est déjà trop, pour des hommes dénués de moyens, que de transporter de la Bourgogne, dans un port de mer de France, des plants vivans, sans parler des frais de leur voyage par terre. Il faut qu'ils pourvoient à ceux de leur habillement, et à ceux du voyage par mer. Dira-t-on qu'ils peuvent avoir été reçus à bord d'un vaisseau en qualité de matelots ? Mais on n'en prend point qui n'aient

déjà navigué , à moins qu'ils ne soient enfans , ou très-
jeunes , dans un cas de besoin. Je demande à tous ceux
qui ont fait des voyages de long cours ; permettroit-on
à des matelots d'embarquer des caisses remplies de terre
et de plants de vignes? Et, pendant la traversée qui est
longue, de France au Cap de Bonne-Espérance (car il faut
compter sur trois mois), où prendront-ils l'eau nécessaire
à l'arrosement de leurs plants? Dans ces voyages elle est
toujours réglée ; heureux quand chaque homme en a une
pinte par jour au passage altérant de la ligne? D'ailleurs,
je prie que l'on fasse attention qu'il y a deux sortes de
vins muscats de Constance , le rouge et le blanc. Pro-
viennent-ils l'un et l'autre des plants rouges et blancs
de Bourgogne?.... Ce conte, qui n'est accrédité qu'auprès de gens peu instruits et trop crédules , nous donne
des ridicules chez l'étranger , sur-tout quand on voit un
savant à grande réputation, l'adopter comme vrai , et
le donner, comme une preuve de la transformation du
pineau en *muscat* , dans un autre hémisphère. J'ai passé
deux fois au Cap de Bonne-Espérance ; j'ai même été
dîner au Grand-Constance. La tradition rapporte, dans
ce pays , que le vin de ce vignoble, qui est rouge ; et
celui du Petit-Constance, qui est blanc , qui se disputent
l'un et l'autre la supériorité , proviennent de ceps tirés
de Lunel. L'un et l'autre terroirs sont situés à la suite
l'un de l'autre , à 2 lieues environ de Table-Baie. Ceci
est probable, et semble prouver que le climat n'a pas
une aussi grande influence sur la vigne , que celle qu'on
s'est plu à lui attribuer. J'en donnerai une autre preuve.
Le raisin blanc du Cap, le seul qu'on serve sur les tables,
et qui m'a paru être un chasselas, est semblable à celui

de Fontainebleau; mais je trouve le premier supérieur au goût, à celui de France. Peut-être que la privation de toute sorte de fruits pendant un long voyage sur mer, ajoute un mérite à celui d'Afrique.

Je remarque que, lorsqu'on parle des deux sortes de vins muscats dont je viens de parler, on a tort de les nommer vins du Cap. Quoique plusieurs particuliers cultivent dans les environs de Table-Baie, où est la ville du Cap, des muscats provenant du territoire du Grand-Constance, et qu'il y en ait qui approchent beaucoup de la qualité de cet excellent vin, au point que j'ai vu maintesfois des gourmets y être trompés, on les nomme aussi vins de Constance, à cause de la ressemblance, quoiqu'ils n'en soient pas, exactement parlant. Le vin qui porte le nom de vin du Cap, est cultivé en grand dans le pays. Il est blanc, assez semblable à celui de Madère, d'où les vignes ont été tirées; mais il est beaucoup plus foible, par la raison que je vais exposer. Avant d'en venir là, je dirai que ce fait paraît ajouter une nouvelle preuve à celles que j'ai déjà détaillées, qu'il arrive quelquefois que le changement de climat et de sol, n'a pas une grande influence sur la qualité du raisin. Je ne disconviens pas que des engrais, des arrosemens intelligens, une culture soignée, une taille savante, ne doivent apporter beaucoup de différence dans la grosseur et dans le goût des fruits; et que le sol, le climat et l'exposition ne puissent changer leurs qualités; mais l'influence de toutes ces ces circonstances doit avoir des bornes.

Le vin de Madère est lui-même naturellement foible. Les habitans y ajoutent un dixième d'eau-de-vie de France, ou d'Espagne ou de Portugal, pour lui donner de la force. En outre, ils tiennent suspendu, pendant quelque temps, dans le tonneau plein de vin, un nouet qui contient des amandes d'abricots ou de pêches, pour communiquer du parfum à la liqueur. Si les vignerons du Cap suivoient le même procédé, pour améliorer leurs vins, ils les rendroient vraisemblablement semblables à ceux de Madère.

On prétend que les Portugais ont tiré leurs plants de l'île de Chypre. Si la chaleur de l'athmosphère a de l'influence sur la qualité des vins, elle n'est pas la seule cause de leur bonté, puisque l'île de Chypre, qui en produit d'excellens, est par les 35 degrés de latitude environ; et que Madère, dont le vin est foible et plat, est par 30 degrés et demi. Ténériffe, la capitale des Canaries, qui est par les 28 degrés et demi, produit avec les mêmes ceps, un vin semblable à celui de Madère, mais moins estimé, quoiqu'on y pratique la même mixtion, et dans la même proportion. Sans cette préparation, les vins de ces deux colonies n'auroient aucun débit. Ainsi les personnes qui condamnent sans examen toute mixtion dans les vins, trouvent dans ces faits une réponse péremptoire à leurs préjugés.

Depuis vingt et quelques années, on vend au Cap de Bonne-Espérance, un vin dont la couleur est absolument semblable à celle de l'eau, aussi claire, aussi limpide, au point de s'y méprendre à l'œil; on le nomme *vin de Pierre*, soit que le propriétaire du vignoble qui le produit se nomme Pierre, soit que la vigne se trouve dans un sol très-pierreux. J'en ai bu à l'Isle-de-France; il est très-agréable, fort rare et fort cher; c'est un vin de dessert, quoiqu'il ne soit pas très-liquoreux. Je n'en connois pas l'histoire ; il n'existoit pas encore , du moins je n'en ai pas entendu parler , pendant mon dernier séjour au Cap de Bonne-Espérance , en novembre 1775. J'ai bu à Constance, chez le propriétaire, un vin blanc qui approche de celui de Pierre pour la couleur et pour le goût, et qui est foible. On en faisoit chez lui un usage habituel, pendant le repas. Le vin de Pierre provient peut-être des mêmes raisins qu'on exprime avec ménagement, et qu'on ne fait pas cuver avec la rafle , pour qu'il ne prenne aucune couleur. Si cette conjecture est vraie, on ne doit pas tenir le moût , ni le vin, dans des cuves ou dans des tonneaux de bois , parce qu'il se colorerait.

On vend encore au Cap de Bonne-Espérance, un vin qui porte le nom de *Pontac* , je ne sais pourquoi. Il est sucré , liquoreux, très-foncé en liqueur , très-agréable , un peu épais, approchant du vin d'Alicante; quelques gourmets le mettent au niveau du Constance rouge. Il est très-cher, assez rare , et passe pour être très-cordial.

J'ai ouï aussi parler d'un *vin de teinte*, qui , dit-on , est propre à donner de la couleur aux vins peu colorés ; mais je n'en ai pas goûté.

On trouve dans les forêts des environs du Fort-Dauphin, situé dans la partie méridionale de Madagascar, par les 25 degrés sud des plants de vignes indigènes , qui s'élèvent jusqu'à la cime des plus grands arbres, et qui rapportent des grappes monstrueuses ; mais le fruit est du verjus. Peut-être que, si ces plants étoient greffés avec de bonnes espèces de raisins, ils donneroient des fruits propres à fournir du vin.

La même île produit aussi une espéce particulière de

vigne que le fameux botaniste Commerson a observée dans mon jardin à l'Ile-de-France , et qu'il a nommée *vigne - éléphant*. Le raisin de celle - ci qui est un peu rouge , est doux et a une saveur particulière ; chaque grain ne contient qu'une semence circulaire et plate. Les sarmens meurent tous les ans ; les racines en donnent annuellement de nouveaux ; ils ont une végétation pro-digieuse et s'étendent à plus de 25 pieds. Cette plante se trouve à Madagascar, dans les environs de Foulepointe , par 15 degrés ; et de Tamatave, par 16.

Pag. 20. « Une tradition constante nous a appris que » les bons chasselas de Fontainebleau ont été transportés » du Levant , sous le règne de François Premier. Ce » raisin a tellement dégénéré, qu'il produit aujourd'hui » de mauvais vin. » Si toutes les traditions ressem-blent à celle que j'ai attaquée ci-devant, au sujet des vins de Constance , je demande quelle foi on peut leur donner ? Mais voici bien autre chose : L'auteur prétend, je ne sais sur quel fondement, que *le raisin de Fontainebleau a tellement dégénéré, qu'il produit aujourd'hui du mauvais vin*. Comment sait-il que ce raisin en ait produit de bon , soit dans son pays originaire, soit à Fontainebleau ? Est-ce encore par tradition ? On a vu que l'on devoit s'en défier. Mais cet habile chimiste auroit dû deviner que, par le moyen des connaissances profondes et étendues que la chimie lui a procurées, et qu'il s'est vanté d'avoir, il auroit pu venir à bout de faire de bon vin avec un raisin excellent. Il connoît si parfaitement la nature des matières qui composent le moût , qu'il auroit dû nous révéler ce qui manque à celui-ci, ou ce qu'il faut en retrancher, pour composer avec cette liqueur, un vin agréable. Eh ! bien ce qu'il n'a pas voulu dire, ou ce qu'il n'a pas su faire, moi qui ne suis pas si habile, je l'ai fait. J'ai composé avec le jus du chasselas de Fontainebleau, une liqueur de table, très-agréable, en y ajoutant un peu de sucre et de l'alcool aromatisé légèrement avec quelques clous de girofles ; ce vin a donc été préparé sans fermentation. Je puis citer quantité de personnes à qui j'en ai fait goûter, et qui l'ont trouvé très - bon, sans reconnoître son origine. On objectera peut-être que ce vin qui n'avoit pas été cuvé, suivant la méthode ordinaire, ne prouve pas, qu'en la suivant, on puisse en faire de bon avec le chasselas de Fontaine-bleau, en employant le moyen de la fermentation. Je répondrai, qu'importe la méthode, pourvu que le vin soit bon, et l'on ne refusera pas sûrement d'admettre que celui-ci ne soit sain et cordial. Mais je ne désespère pas d'obtenir un bon vin fermenté du moût du chasselas de Fontainebleau, en lui donnant ce qui lui manque, suivant mes idées, d'après les expériences nouvelles que j'ai faites, pour l'amener à une fermentation louable, sans y ajouter d'alcool, ni d'aromate. Je tenterai ces expériences lorsque j'en aurai les moyens. En attendant, j'engage nos fameux Œnologues et nos grands chimistes à s'exercer sur ce sujet. S'ils réussissent, ils auront rendu service à plusieurs parties de la France qui profiteroient de leurs découvertes.

Pag. 21. Je le répète, *soyons chimistes, si nous pouvons; mais, avant tout, raisonnons juste.* « L'auteur conclud de » ce qui précède, que les climats chauds » (ne semble-t-il pas qu'il parle de ceux de la zone torride) « en fa-» vorisant la formation du principe sucré. » (Le sucre est

un mixte, et n'est pas un principe) « doivent produire
» des vins très-spiritueux. » (On a vu le contraire par
ce que j'ai rapporté des vins de Madère, de Ténériffe et
du Cap de Bonne-Espérance, climats beaucoup plus chauds
que ceux de la France, quoiqu'ils ne soient pas sous la zone
torride. On n'y connoît ni la neige, ni la glace.) « Attendu
» que le sucre est nécessaire à la formation de l'alcool
» ou esprit de vin, etc. » Comme si le sucre ne pouvoit
se former que dans les climats chauds. L'auteur a dit ci-
devant que *c'est entre le* 35.*e et le* 5o.*e degré de latitude*
qu'on peut se promettre une culture avantageuse de la vigne.
Or le 35.*e degré n'a jamais passé pour un climat chaud, et
le 5o.*e encore moins. Fontainebleau compris dans les latitudes fixées par l'auteur, puisqu'il est par 48 degrés 22 minutes, produit des raisins qui, suivant M. Chaptal, ne sont
pas propres à faire du vin, quoiqu'ils contiennent beaucoup
de *sucre nécessaire à la formation de l'alcool ou esprit-de-*
vin. Je voudrois bien savoir sur quels fondemens il s'appuie, pour avancer que la chaleur favorise la formation du prétendu principe sucré. Est-ce parce que jusqu'à
présent les cannes à sucre, qui entre tous les végétaux
contiennent le plus de ce principe, n'ont été cultivées
que dans les climats de la zone torride ? Mais je lui ob-
jecterai que j'ai extrait du sucre des cannes venues dans
des serres au jardin-des-Plantes; ou plutôt que l'érable
du Canada et le bouleau du nord de l'Europe contiennent abondamment de ce prétendu principe. Voilà donc
des climats très-froids qui *favorisent la formation du*
principe sucré. J'ajoute encore, comme preuve de la contradiction que j'oppose à l'assertion de notre auteur, que
M. Achard a extrait du sucre des betteraves crûes à

Berlin , par les 53 degrés de latitude , et le Général Major Blanken Hugel, des navets de la Russie.

CHAPITRE II.

J'ai passé pour en venir là plusieurs choses minu-cieuses à reprendre; car on ne finiroit pas, si l'on vouloit tout éplucher.

L'auteur traite dans les pages 76, 77 et 78 la question de l'égrappage des raisins, et prétend , 1.° que *la saveur légère-ment âpre de la grappe relève la fadeur naturelle des vins foibles* ; 2.° qu'on a observé dans l'Orléanois que *les raisins que l'on faisoit égrapper fournissoient des vins qui tour-noient au gras* ; 3.° que *la grappe peut être considérée comme un ferment avantageux dans tous les cas où l'on pourroit craindre que la fermentation ne fût lente et incomplète.*

Je réponds, 1.° qu'une *saveur âpre* n'est pas propre à *relever* avantageusement la *fadeur des vins foibles*, et qu'elle ne peut qu'ajouter à leurs défauts. L'alcool et quelques aromates, ou des amandes d'abricots, ou de pêches, ou de prunes, ou de cerises, ou même de pru-nelles rempliroient bien mieux que la grappe le but qu'on se propose, dans ce cas.

2.° La propriété de la grappe proprement dite est mé-connue de notre habile chimiste, quoiqu'il connoisse par-faitement la nature de la matière qui fait l'opération. La grappe, c'est-à-dire, les péduncules du raisin , est une subs-tance astringente. J'ai pris des grappes du raisin noir, dit Pineau ou Auvernat; je les ai mises dans une cafetière avec de l'eau, que j'ai fait bouillir; ensuite j'ai ajouté à celle-ci de la couperose verte ; cette décoction est devenue noire. La décoction des pepins de raisins rouges, séparés, étant frais, du moût et des grappes, précipite aussi en noir le fer de la couperose. Cette décoction, qui a un goût très-âpre, a une odeur agréable, et prend une couleur plus intense que la première. Les pellicules des grains des raisins rouges séparées des graines et du jus, mises à bouillir dans de l'eau ont aussi une odeur agréable, qui approche de la première, et qui a quelque chose de vineux. Cette décoction est un peu rougeâtre, et a un goût acide et austère; elle prend avec la couperose une couleur rouge plus foncée, mais ne précipite pas le fer en noir, comme les deux premières. Toutes les substances astringentes ont la propriété de rallentir la fermentation. Ainsi l'on a raison de laisser les grappes dans le moût des vins foibles, dans celui des vignobles d'Orléans, enfin dans tous ceux destinés pour la garde, à moins qu'ils ne soient riches en spiritueux. On pourroit, dans la même vue, au lieu des grappes, mêler avec le vin une forte décoction de thé noir (le saot-chaon de préférence aux autres), qui fournissant une liqueur astringente a aussi la propriété de rallentir le mouvement fermentatif, sur-tout lorsqu'on ajoute un peu d'alcool au vin. Au lieu de communiquer de l'âpreté à la liqueur, le thé ne peut que lui donner un goût et un parfum agréables. Il a encore la propriété d'aviver la couleur du vin rouge. J'ai employé plusieurs fois ce mélange avec succès pour mon usage particulier. Des Botanistes plus habiles que moi pourront indiquer quelqu'autre végétal moins cher. Mais je viens d'en citer un qui est à la portée des vignerons, et qui ne leur coûtera rien. Ce sont les pepins des raisins qu'ils peuvent recueillir aisément, et faire bouillir dans de l'eau, et dont ils mêleront la décoction au moût.

3.º La grappe, lorsqu'on entend par ce mot, non-seulement les péduncules des raisins, mais encore leurs peaux et leurs pepins, peut être considérée comme un ferment, sur-tout lorsqu'on ne la tient pas assujettie dans le moût, parce qne la liqueur que retiennent les peaux, qui sont humectées par les vapeurs du moût, et qui se trouvent en grande partie en contact avec l'air, fermente facilement et promptement, et parce que les péduncules et les graines du fruit qui sont de nature séche, n'ayant point ou presque point fourni de substance astringente, n'ont rien donné pour rallentir le mouvement de la fermentation, lorsqu'on les a laissés au-dessus du moût. S'ils ont donné quelque chose en très-petite quautité, on peut supposer que la fermentation des autres parties de la grappe a été assez forte pour détruire leur effet. Il arrive quelquefois que le vin qu'on exprime de celle-ci a déjà contracté de l'acidité, parce que la fermentation a été plus rapide dans la liqueur qu'elle contient que dans le reste de la cuvée.

Page 78. « L'expérience a prouvé que les raisins » égrappés fournissoient des vins moins spiritueux et plus » faciles à graisser. » (Il a voulu dire à se graisser.) Pourquoi cela? C'est que les vins provenant des raisins égrappés fermentent dans les tonneaux plus promptement que les autres, d'où il résulte qu'ils tournent plus facilement à l'acide et au gras. Comment après cette preuve, tirée de l'expérience, l'auteur a-t-il pu méconnoître les propriétés de la grappe? Il a cherché dans des suppositions gratuites et hasardées à expliquer ce que l'*expérience* a si bien *prouvé* suivant lui-même.

Il prétend (page 79) que de ne pas égrapper rend *la fermentation plus parfaite*. Je conviens qu'elle peut être

accélérée par ce moyen ; mais ce n'est pas là une perfection. Si l'accélération de la fermentation rendoit celle-ci
plus parfaite , et si elle procuroit des vins meilleurs ou plus
spiritueux , il seroit très-facile d'opérer cette accélération
par plusieurs moyens; soit en augmentant la chaleur du
cellier; soit en concentrant du moût par le moyen du feu ,
et le versant bouillant dans la cuve, d'après la méthode de
M. Maupin; soit en ajoutant au moût de la levûre de
bierre qu'on auroit dissoute ; soit en faisant fermenter
d'avance ou du miel , ou de la melasse , ou du jus de raisins,
qu'on mettroit dans la cuve. Je conjecture que si l'on concentroit d'abord ce jus , il seroit ensuite plus disposé à fermenter; c'est un essai à faire. On pourroit encore essayer
le mélange du cidre avec le moût. La grappe donne sans
doute de l'âpreté aux vins; par cette raison elle ne convient pas à ceux qui sont légers , délicats , que l'on veut
consommer dans l'année ; mais commé , par l'effet de la *fermentation insensible* , cette âpreté se dissipe à la longue ;
elle ne diminue point la qualité des vins de garde, et elle
contribue à leur conservation.

A la page 80 , l'auteur, qui veut toujours que la grappe
facilite la fermentation , assertion qu'il avance comme un
effet généralement reconnu , convient qu'elle *contribue à
donner de la durée au vin* , sans en détailler les raisons ;
ce qu'il auroit dû faire, lui qui *connoît parfaitement la nature de la matière qui fait l'opération.* Je remarque ici
qu'il entre en contradiction manifeste avec lui-même ;
car si la grappe facilitoit la fermentation, opération qui
finit par altérer les vins, elle ne contribueroit pas à leur
donner de la durée. C'est précisément parce qu'elle rallentit , au lieu de faciliter la fermentation, qu'elle donne
de la durée aux vins.

Un Bordelois, ancien propriétaire de vignes, homme de lettres, recommandable par ses lumières et par sa moralité, (M. Duplessy), m'a objecté, contre mon opinion, que le vin provenant du chapean de la cuve, c'est-à-dire, des grappes, des peaux et des grains de raisin qu'on a soin de fouler au pressoir, n'avoit pas de durée; d'où il semble que l'on doive inférer que les grappes ne contribuent pas à donner de la durée au vin. Je lui ai représenté que la liqueur contenue dans le marc devoit abonder en acide carbonique, et qu'étant en contact avec l'air de l'atmosphère, elle devoit avoir pris un degré de fermentation bien supérieur à celui de la cuve; que d'ailleurs elle contenoit une plus grande quantité de substances mucilagineuses et colorantes propres à la fermentation. On sait que le vin provenant de ce marc, toujours inférieur en qualité à celui de la cuve, est quelquefois acide, vu la grande facilité avec laquelle il fermente; ainsi les causes qui le disposent à l'acide sont plus fortes que celles qui s'y opposent. Si on laisse constamment le *chapeau* de la vendange au-dessus de la cuve, la liqueur qu'on en exprimera ensuite aura acquis un degré de fermentation plus accéléré que le moût de la cuve, et cette liqueur mêlée avec le moût avancera la fermentation de celui-ci. Mais si l'on mêle souvent le chapeau avec la cuvée, les astringens se confondront avec le moût, et rallentiront sa fermentation; d'où il résultera que le vin sera de garde. Pour lui donner cette qualité, je préférerois d'ajouter à la cuvée une décoction de thé ou de graines fraiches de raisin.

Dans une note de la page 82, l'auteur veut qu'on *ne foule la vendange que lorsqu'elle peut fournir assez de moût pour une cuvaison ; par ce moyen , dit-il, en peu de temps on rempliroit la cuve , et la fermentation s'y feroit simultanément.* Je ne crois pas que la fermentation soit simultanée dans toute la liqueur que contient une cuve. J'ignore si l'on a fait les expériences nécessaires pour s'en assurer. Je conjecture qu'elle est plus forte dans le haut que dans le bas, soit qu'on ait égrappé ou non, et j'ajoute que si l'on tient à part une partie de la vendange, il s'établit nécessairement une fermentation , soit dans le moût qui s'exprime de lui-même avant la foulaison de la vendange , soit dans les grains qui sont détachés de la grappe ; ainsi la simultanéité de la fermentation n'existe pas, même en prenant les précautions indiquées par l'auteur. Dom Gentil rapporte à la page 50 une expérience qui prouve que la fermentation n'est pas au même degré dans le centre et sur les bords de la cuve. En supposant que des observations bien faites donnassent, comme je suis porté à le croire, la certitude de la non-simultanéité de la fermentation comparée du centre à la circonférence , du haut et du bas de la cuve, il y a un moyen bien simple de la rendre moins inégale , et qui est conseillé par plusieurs Œnologues, c'est de brasser de temps en temps la liqueur avec un rable , en ravallant de bas en haut.

« Nos dernières observations » (dit Dom Gentil, p. 227 de son *Mémoire sur la fermentation des vins*) « prouvent , » si je ne me trompe, que la fermentation, même dans » une vendange entièrement écrasée, et dans une petite » cuvée n'est jamais simultanée. » Il a trouvé la liqueur du fond de la cuve plus spiritueuse que celle du milieu et que celle du haut. Il a trouvé une autre fois celle du haut plus spiritueuse. Bien plus, un thermomètre placé dans le moût sur les bords de la cuve a présenté une graduation moindre que dans le centre.

L'auteur conseille, page 87, de soumettre à l'action du pressoir tous les raisins qui doivent former une cuvée, sauf à mêler ensuite le marc au moût, tant pour le colorer que pour obtenir un vin de durée. Je ne vois point d'objections à faire à ce conseil ; mais, je le répète, la liqueur fût-elle privée d'aucune partie du marc, je ne crois pas qu'on obtînt par ce moyen une fermentation simultanée, à laquelle l'auteur paroît tenir beaucoup.

Je suis cependant de son avis, lorsqu'il s'élève contre la méthode suivie en Italie de préparer les vins. *On emploie*, dit-il, *quinze à vingt jours pour remplir une cuve dans laquelle on verse chaque jour.*

Page 98. L'auteur glisse sur une circonstance qui me paroît très-remarquable. « On lave la cuve avec de l'eau » tiède ; on la frotte fortement ; on en enduit les parois « avec de la chaux, à deux ou trois couches, lorsqu'elle » est en pierres. » Est-ce de la chaux en nature qu'on emploie ? est-ce un lait de chaux ? Quoi qu'il en soit, la chaux est un absorbant des acides, et doit avoir de l'effet sur le moût. Quel est-il ?... Quel en est le résultat ?... On sait que les alcalis et les terres absorbantes ont la propriété de décolorer les vins. Sans doute ces substances absorbent les acides ; mais si le vin n'en contient que la quantité nécessaire à flatter le goût, on rend par ce moyen le vin plat, sans saveur, et peu propre à être gardé.

Je tiens du frère du fameux Œnologue, M. Bergasse, que celui-ci condamne l'emploi des cuves en pierres, et que dans les caves qu'il avoit établies en Provence, il avoit des foudres et des tonneaux en bois de chêne choisi qu'il avoit fait venir de la Suède.

L'acide que contient le moût est utile à la fermentation spiritueuse, pourvu qu'il ne domine pas. Je rendrai compte ci-après d'une expérience directe qui démontre la vérité de cette assertion. Elle a été jusqu'à présent ignorée des Chimistes et des Œnologues.

Ibid. « En Bourgogne, après avoir nettoyé avec l'eau, » on passe un pot d'eau-de-vie sur les parois des cu-» ves qui y sont toutes en bois. » Cette petite quantité d'eau-de-vie dont le bois s'imbibe n'a aucun effet sur la fermentation, mais elle la rallentiroit, si elle étoit plus considérable. Au reste l'eau-de-vie est propre à enlever quelques parties odorantes du bois, qui pourroient altérer le bouquet des vins fins de Bourgogne.

Pag. 101. Il prétend que la fermentation deviendroit trop tumultueuse, si la température de l'athmosphère étoit au-dessus de plus de 10 degrés du thermomètre de Réaumur. On ne sait pas sur quel fondement il appuie cette asssertion. Dans tous les pays, situés par des hautes latitudes, Madère, Ténériffe, le Cap de Bonne-Espérance, Schiras, la température est à plus de 18 ou 20 degrés dans le temps des vendanges, et il ne se passe rien de trop tumultueux dans les cuves. Par-tout où l'on fabrique des eaux-de-vie de sucre, (dans les colonies), même dans le temps des plus fortes chaleurs, où la température est au milieu du jour à 28 ou 30 degrés, ou plus, on n'éprouve rien des emblable à l'assertion de notre savant ; et il n'en résulte d'autre inconvénient, que celui de voir la fermentation des liqueurs vineuses achevée en moins de temps dans les jours les plus chauds que dans les jours les plus frais de l'année. On pourra répondre que le moût et le vésou sont deux liqueurs dissemblables; mais qu'objectera-t-on, lorsque je répliquerai que le suc de Jam-malacs, celui de Jam-rosads, celui de Mangues, celui de Framboises des Moluquus, celui d'Oranges douces, celui d'Ananas, que j'ai tous travaillés, se comportent à-peu-près de la même manière; enfin, que le moût provenant d'une treille plantée par mon Grand-père, et cultivée par lui-même dans l'anse de Saint-Paul, où il a commandé pendant long-temps, se comportoit absolument de même. C'est le quartier le plus chaud de tous ceux de l'île de la Réunion, par 23 degrés de latitude méridionale. Cette treille dont il obtenoit par curiosité deux à trois barriques de vin rouge passable, étoit située au pied d'une montagne assez haute, qui est coupée à pic, et qui laisse voir la roche à nud. On doit concevoir quel effet doit produire sur l'atmosphère environnant la réverbération du soleil, partant d'un rocher très-élevé. Ainsi notre auteur a tort d'avancer que la fermentation *n'a pas même lieu à une température très-chaude.* Cette assertion ne dénote ni un grand physicien, ni un habile chimiste, ni un bon observateur; elle est d'un parleur qui met ses idées à la place des vérités qu'il ne connoît pas, et qui prône les premières, avec une *noble confiance,* au point de les poser en *principes.*

A la page 102, il prétend, en s'appuyant de l'autorité du célèbre abbé Rozier, dont on nous assure qu'il a eu les manuscrits posthumes, que la fermentation est nécessairement lente, lorsque la température est froide au moment de la vendange. L'abbé Rozier étoit trop bon physicien et trop exact dans le choix de ses expressions, pour s'exprimer, dans un ouvrage public, d'une manière aussi vague. Le froid ou le chaud de la température de l'atmosphère, ne sont que des termes de comparaison, par rapport aux impressions que nous en ressentons. Si l'on trouve dans les manuscrits de ce fameux Agronome, les expressions citées, un savant du premier ordre, tel que M. Chaptal, qui les publie, auroit dû ne les considérer que comme *memorandum* dans les écrits de Rozier, et leur donner l'exactitude qui leur manque. Ce n'est pas, il faut le croire, par ignorance, mais par négligence que ce fameux chimiste a employé sur autorité des expressions vagues. On conçoit très-bien, sans recourir à l'autorité de qui que ce soit, que le raisin, s'il est très-froid, n'est pas disposé à fermenter. Mais si dans le cellier, la température est chaude, le raisin, ou plutôt le moût prendra avec le temps cette température; alors la fermentation s'établira, et suivra ses progrès, tant que la chaleur se soutiendra. On n'aura donc perdu que le temps nécessaire à amener les substances fermentescibles au degré de chaleur dont elles ont besoin, pour prendre le mouvement fermentatif. On peut l'accélérer, en échauffant l'air du cellier, avec des réchauds remplis de braise allumée, et encore mieux, comme je l'ai déjà dit, en chauffant du moût à part dans des chaudières, et en le versant bouillant dans la cuve. On peut encore fouler le raisin et le marc, avec plus de force que de coutume. Cette opération contribue à accélérer la fermentation.

Il seroit trop fastidieux de suivre l'auteur dans tous les détails qu'il donne à ce sujet et dans tous ses raisonnemens qui se réduisent à celui-ci : qu'un certain degré de chaleur est nécessaire à ce que la fermentation s'établisse dans une liqueur vineuse. Viennent ensuite à la page 105 six préceptes très-vulgaires, qui n'ont rien de repréhensible et rien de remarquable.

Maintenant je suis obligé de convenir, car je sais rendre hommage à la vérité, que l'article II qui traite de *l'influence de l'air dans la fermentation*, ne contient rien que de juste et de vrai, et mériteroit des éloges sans exception, s'il n'étoit pas verbeux. Mais il n'expose rien qui ne soit connu, et même en usage dans quelques cantons, long-temps avant que M. Chaptal sût écrire. N'importe, il me paroît toujours à propos de répéter la publication des procédés qui ne sont pas généralement connus, et qui peuvent être utiles.

Pag. 117. « Lorsqu'on veut faire fermenter le sucre, » pour obtenir du *tafia*, on l'emploie à l'état de sirop » dit *vésou*, parce qu'alors il contient le principe doux » qui en facilite la fermentation ; le sucre seul et bien « pur ne fermente point. ». Que de choses à reprendre dans ce court paragraphe ! *Lorsqu'on veut faire fermenter le sucre* proprement dit, pour obtenir une eau-de-vie, ce qui n'est pas d'usage, on doit employer le sucre lui-même, soit en cassonnade, soit en pains, soit candi. Lorsqu'on emploie le sirop, qui n'est pas le *vesou*, mais qui en provient, on obtient du *tafia*, après la fermentation et par le moyen de la distillation. Ce sirop n'est autre que la melasse que l'on retire de la cassonnade, par les procédés usités parmi les sucriers et parmi les rafineurs : c'est le *principe doux* dont il parle, c'est un sucre incristallisable. Lorsqu'on emploie le *vésou* qui est le suc exprimé de la canne-à-sucre, on obtient de la guildive , eau-de-vie de sucre semblable au tafia , mais moins bonne. Enfin lorsqu'on emploie le sucre blanc en pain avec de l'eau, il n'y a point de fermentation ; à moins qu'on n'y ajoute un ferment , soit levain de pâte, ou levûre de biére , soit, comme je l'ai essayé à l'Ile-de-France , le suc de quelques fruits fermentescibles , soit un peu d'acide sulfurique, ou du vinaigre. J'ai rendu compte de ces expériences dans l'un des Mémoires dont j'ai déjà parlé ci-devant, imprimés en 1781 et 1782, dans cette colonie. La dernière que je viens de rapporter me paroît prouver que le concours d'un acide est nécessaire à établir la fermentation spiritueuse. M. Chaptal prétend que le *principe doux* , qui n'est pas un principe , mais un mixte , *facilite la fermentation*. On vient de voir que le sucre pur ne fermente pas sans ferment , et qu'il a fermenté , étant mêlé avec un acide , le principe doux n'existoit pas dans ce mélange. Cependant je ne suis pas éloigné d'admettre que le *corps - doux* , ou si l'on veut, le *principe-doux* , soit de sa nature fermentescible, puisque la melasse , qui est ce même *corps-doux* , fermente sans autre addition que celle de l'eau.

Quant au mélange de l'acide sulphurique qui rend fermentescible le sucre pur dissous dans de l'eau, c'est un procédé nouveau dont je crois qu'on peut, dans quelques circonstances, faire l'application à la préparation des vins. Dom Gentil , dont le mémoire sur la fermentation des vins n'est pas assez prôné, conseille (p. 31) de mêler de la levûre *du verjus* dans la cuve, lorsque le moût dans les années chaudes manque d'acide , pour l'empêcher de devenir *filant* , plutôt que de mêler au moût les rafles qui *donnent au vin une saveur âpre et austère*. Il pense que l'acide est nécessaire au vin. Voyez le chapitre IV de son mémoire. M. Chaptal, qui est un bien plus habile homme, quoiqu'il n'ait pas sur l'œnologie une pratique aussi vieille, aussi constante, ne dit pas un mot sur l'acide. La levûre de bière, que M. Seguin nomme un ferment insoluble, n'est autre chose que de la fécule des grains, imprimée d'un ferment liquide. Lavez cette fécule dans plusieurs eaux ; celles-ci, mais sur-tout la première, formeront un levain; mais la fécule, après plusieurs lavages, n'aura plus la même propriété : ainsi la distinction établie par ce savant entre les *deux sortes, ou plutôt les deux variétés de ferment, l'une soluble, l'autre insoluble,* n'est pas fondée. Si la partie insoluble de la levûre étoit la seule propre à exciter la fermentation, elle n'en causeroit point dans les liqueurs, vu son indissolubilté.

Cependant M. Chaptal qui n'a pas fait cette réflexion et qui veut que *le principe-doux soit le principe de la fermentation*, (pag. 118) l'appelera *levûre* dans le cours de son ouvrage ; et c'est à la proportion de cette levure et du sucre dans les *raisins, qu'il rapportera la différence qu'ils présentent dans le goût, dans le résultat de leurs décompositions, etc....* de sorte que ni l'acide, ni le tartre, ni le mucilage, ni l'arome, ni l'extrait, ni le principe colorant, ni la substance végéto-animale, ni celle astringente qui se trouve dans de certains vins ne font plus rien au goût des raisins, ni aux vins qui en proviennent. Voilà comme un savant fameux réduit les choses au plus simple. Suivons, autant que nous le pourrons, les beaux raisonnemens fondés sur des principes si précis et si exacts établis par notre auteur.

Pag. 118 et 119. « Ce principe doux est presque

» inséparable du principe sucré, dans les produits de la
» végétation , et ces deux principes sont si bien com-
» binés dans quelques cas, qu'on ne peut les désunir
» *complètement* qu'avec peine ; c'est ce qui s'opposera
» peut-être encore long-temps à ce qu'on extraye pour le
» commerce » (Pour le commerce est remarquable ; ce
n'est pas pour l'usage , c'est pour le commerce) , « le
» sucre de plusieurs végétaux qui en contiennent. La
» canne à sucre paroît être celui de tous les végétaux où
» cette séparation est la plus facile. »

La distinction lumineuse établie par le célèbre pro-
fesseur de chimie en Espagne, M. Proust, qui a fait un
beau travail sur l'extraction du sucre des raisins de ce
pays, entre le sucre cristallisable et le sucre non-cristal-
lisable , prouve qu'en effet on aura bien de la peine à
extraire du sucre concret des fruits ou des racines des
végétaux de la France. Le sirop provenant du suc exprimé
des pommes que j'ai soumis à des expériences ne se con-
centre plus , lorsqu'il est parvenu, étant bouillant, an 35.ᵉ
degré de l'aréomètre des sels de Baumé. Si l'on continue
l'ébullition , il se réduit en écumes qui ne sont que du
sirop et de l'air atmosphérique. J'ai eu beau y ajouter de
la cassonnade en différentes proportions , jusqu'au tiers
du poids du sirop ; j'ai ajouté à ce dernier , étant froid,
du sucre blanc réduit en poudre ; je n'ai point obtenu
de sucre concret. Cependant les expériences de M. Achard
à Berlin et du Major Général Blanken-Hugel, en Russie,
ont démontré que les betteraves et les navets contenoient du sucre cristallissable. Si la séparation du sucre
concret d'avec le sucre liquide est facile dans les sucreries
des colonies , c'est que la canne-à-sucre contient une plus

grande quantité du premier que du second, et que tout autre végétal. Je désirerois que quelque habile chimiste, tel que M. Proust, fît une analyse complète du sucre liquide, pour tâcher de reconnoître ce qui s'oppose à la cristallisation, et pour lui donner ce qui lui manque. Je ne désespère pas que l'on ne puisse parvenir à faire cristalliser une partie du sirop de pommes, ou du sucre liquide des raisins, ou de la mélasse.

Pag. 122. « Mais lorsque le raisin est très – doux, sans » néanmoins contenir beaucoup de sucre. » (Ceci est une contradiction littérale ; le raisin ne peut pas être très-doux, sans contenir au moins beaucoup de sucre liquide.) « On peut parvenir à en retirer un vin très– » spiritueux, en dissolvant dans le moût, la portion » de sucre qui manque. » Cette addition n'est pas nécessaire ; car le sucre liquide se convertit aussi en alcool ; on en a la preuve complète par la mélasse qui fournit, après la fermentation, et par la distillation, beaucoup d'alcool. On peut encore s'y prendre autrement. Si le moût est très-sucré au goût, on peut y ajouter de l'alcool, sans le faire fermenter, et l'on aura un vin agréable qui se conservera très-bien, pourvu que la proportion des esprits ardens soit en dose convenable. S'il manque de parfum, on pourra lui en donner facilement. Il y a encore d'autres essais à faire : 1.° Ajouter un levain pour faire fermenter le moût, et une forte décoction de thé ; 2.° ajouter un acide, et laisser fermenter le mélange ; 3.° enfermer le moût presqu'au sortir du pressoir, dans des futailles bien cerclées en fer. Nous parlerons dans peu de cette méthode.

Ibid. « Nous pouvons donc considérer le sucre » (l'au-

teur entend par cette expression , celui qui est cristallisable) « comme le principe qui donne lieu à la forma-
» tion de l'alcool, par sa décomposition, et le corps-doux
» comme le vrai levain de la fermentation spiritueuse. »

Je ne puis pas être de cet avis ; je regarde le corps-
doux comme étant très-propre à la formation de l'alcool,
ainsi que le sucre ; et j'appuie mon opinion sur ce que
les esprits ardens se tirent, dans les colonies, des gros
sirops qui sont incristallisables et qui forment ce que
l'auteur appelle le corps-doux. J'observe que le fameux
œnologue M. Bergasse ajoute de la melasse aux moûts
des vins de Provence et de Languedoc, qu'il arrange ; je
publierai le détail de sa méthode à la fin de mes observations.

Pag. 126. « Lorsqu'on dissout dans le moût une por-
» tion de sucre , de cassonnade, ou de melasse, pour
» augmenter la proportion de sucre nécessaire à la fer-
» mentation , etc. » L'auteur se contredit encore ici ; la
melasse étant le corps-doux, n'augmente pas la proportion du sucre proprement dit , mais celle du ferment ,
suivant l'auteur ; le sucre n'étant pas fermentescible par
lui-même , n'augmente pas la fermentation.

Pag. 127. « La condensation ou l'épaississement du
» moût par la chaleur et l'évaporation, » (La chaleur di-
late ; elle occasionne l'évaporation qui condense.) « Rend
» la masse fermentante moins aqueuse, par conséquent
» la fermentation y devient plus régulière et plus vive. »
Je ne sais pas ce que c'est qu'une fermentation *régulière.*
Je sais qu'elle est tantôt plus, tantôt moins vive dans le
même moût, suivant ses progrès, ou suivant la température de l'atmosphère. Si l'auteur entend par cette

expression , une fermentation simultanée , il est dans l'erreur, comme le prouvent les observations de Dom Gentil, dont j'ai déjà parlé.

Pag. 128. « Il est des pays où l'on mêle du plâtre cuit » à la vendange, pour absorber l'humidité excédante » qu'elle peut contenir. » Si c'était là le seul objet de ce mélange , il vaudroit mieux faire évaporer une partie du moût , ou bien y ajouter du miel, ou du sirop de pommes , ou de la cassonnade. Le plâtre a la propriété d'absorber les acides. Ainsi ce mélange pourroit convenir dans un moût trop verd ; mais je crois qu'il seroit très-nuisible dans un moût bien sucré. Cette substance, ainsi que la chaux et les alcalis , a la propriété de précipiter en grande partie la matière colorante du vin; et, s'il y a excès , de lui communiquer une couleur sombre.

Les expériences de M. de Bullion , rapportées par notre auteur, pag. 129, 130 et 131 , semblent prouver que l'addition du tartre au moût, contribue à augmenter dans le vin qui en provient, la quantité d'esprits ardens. Cependant cette conclusion est contredite par d'autres auteurs. Comme cet œnologue a ajouté de la cassonnade au moût soumis à son expérience, on pourroit rapporter à cette substance, l'augmentation d'alcool qu'il a obtenue.

M. Chaptal dit , à la page 131 ; qu'il *paroît que le tartre facilite la fermentation* , *et qu'il concourt à la rendre complète.* Cependant il a dit à la page précédente , que *la fermentation a duré quarante - huit heures de plus*, dans la cuve contenant du moût, où l'on avoit ajouté du tartre, *que dans la cuvée qui ne contenoit que du moût simple.* Si le tartre facilite la fermentation , il semble qu'elle doive être achevée plutôt. Quant à ce qu'il ajoute que le tartre *concourt à la rendre plus complète*, c'est une assertion dénuée de preuves. D'ailleurs, si la fermentation étoit complète, le vin ne se conserveroit pas; car elle continue dans les tonneaux et même dans les bouteilles, d'une manière insensible. Lorsqu'elle est complètement achevée, le vin tourne à l'aigre.

Pag. 129. « Il suffit d'augmenter la portion du tartre » et du sucre dans le moût, ... pour parvenir à obtenir » trois fois plus d'esprit ardent. » C'étoit ainsi que l'auteur s'exprimoit dans son mémoire inséré dans le tome X du Cours complet d'agriculture.

On trouve dans ce Mémoire et dans l'*Art de faire le vin*, le paragraphe que je vais copier.

Pag. 130. « Sur 500 litres de moût (500 pintes) (1), » cinq kilogrammes de cassonnade (dix livres) et deux » kilogrammes de crême de tartre, la fermentation s'est » bien établie, et a duré 48 heures de plus que dans » les cuvées qui ne contenoient que le moût simple; le » vin provenant de la première fermentation a fourni » une pièce et demie d'excellente eau-de-vie, sur sept » pièces sur lesquelles la distillation avoit été établie; » tandis que le vin qui étoit fait sans addition de sucre,

---

(1) 500 litres font à-peu-près 537 pintes de Paris : 5 kilogrammes font dix livres et un peu plus de quatre onces. Ces différences prouvent le peu d'exactitude de l'auteur. Dans l'*Art de faire le Vin*, il n'a plus parlé ni de litres, ni de kilogrammes. Il a dit 500 pintes; ainsi ce n'est plus 537 équivalant à 500 litres. Voilà les corrections que donne un fameux chimiste, dans la troisième édition du même ouvrage.

» ni de tartre, n'a produit qu'un douzième d'eau-de-vie
» au même degré. »

La proportion d'eau-de-vie obtenue dans cette circonstance, est d'après ce récit, comme 18 est à 7, en
supposant que la pièce d'eau-de-vie soit de la même
contenance que chacune des pièces de vin ; ce que l'au—
teur auroit dû indiquer : cela ne fait pas trois fois
autant. Il me semble que l'addition du sucre a plus con-
tribué, si le fait est vrai, à cette augmentation d'eau-
de-vie, que le tartre. Suivant les principes admis, d'a-
près tous les chimistes et tous les œnologues qui ont
traité de cette matière, le sucre cristallisable, et celui
liquide, sont les seules substances connues jusqu'à présent qui produisent des esprits ardens. D'après cela,
comment admettre que le tartre en occasionne une augmentation considérable? On dira peut-être, comme
M. Chaptal, qu'il facilite la fermentation de la partie
saccharine ; mais elle fermente très-bien dans le moût
sans addition de sel; et puisque la crême de tartre a
causé une durée de 48 heures de plus, j'en conclurai
qu'au lieu de faciliter la fermentation, elle la retarde et
la prolonge. On pourroit admettre que le tartre brut,
qui est mêlé avec de la lie du vin, et d'autres matières
extractives, peut faire l'effet d'un ferment; mais il s'agit
dans cette expérience de la crême de tartre.

Ce point de pratique me paroît si intéressant pour les
progrès de l'œnologie, que je crois pouvoir me permettre
une discussion plus approfondie sur ce sujet. Il est d'ailleurs si intéressant d'obtenir, je ne dis pas, trois fois
plus d'eau-de-vie de la même quantité de vin, mais seulement le double, que je présume qu'on ne me saura

pas mauvais gré d'entrer dans quelques détails là dessus.

Je dirai d'abord que ce qui paroît infirmer cette as-sertion, c'est que, si l'addition de la cassonnade et du tartre, produisoit une augmentation double d'alcool, sans nuire à la qualité de la liqueur, cette pratique seroit devenue générale ; d'autant plus qu'on auroit pu substi-tuer du miel à la cassonnade, ou du sirop de pommes, qui paroît être d'après mes expériences, un sucre non cristallisable, et par conséquent plus propre que la cas-sonnade (1), à provoquer la fermentation spiritueuse. On ne peut pas douter que ce sirop ne produisît des esprits ardens, puisqu'on en retire du cidre, et puisque la melasse, qui est aussi un sucre non cristallisable, en fournit beaucoup, qu'on nomme tafia ou rome.

Feu M. Baumé, dont on connoît l'exactitude en fait d'expériences, m'a dit que d'après celles qu'il avoit faites, la livre de cassonnade ordinaire lui avait rendu un peu plus d'une pinte d'alcool de 20 degrés. Suppo-sons que chaque livre de sucre, ayant dans le moût une fermentation plus *complète*, en rendît deux pintes. Ce produit exagéré est bien éloigné de celui déclaré par nos deux chimistes.

Dans des expériences que j'ai faites à Paris, pour obtenir du vin avec des raisins secs, j'ai ajouté du tartre à la liqueur. Je ne me suis pas aperçu que la fermen-tion ait été plus forte, ni plus prompte, ni plus longue, ni que la liqueur ait été plus spiritueuse que dans les

---

(1) On verra à la fin de ces observations, que la cassonnade, avec ou sans tartre, ne fermente guère plus que le sucre en pain, sans l'ad-dition d'un levain.

essaïs du même genre et dans les mêmes proportions d'eau et de raisins secs, de feu mon ami M. Baumé qui n'avoit point ajouté de tartre à ses liqueurs.

Afin de reconnoître si le tartre facilite, ou provoque, ou complète la fermentation, j'en ai ajouté à des sirops sans ferment, en variant la dose de ce sel ; je rendrai compte de ces expériences à la fin de ce Mémoire ; mais je préviens d'avance qu'il n'a produit aucun effet.

Pag. 134. « Parmi les phénomènes les plus frappans et » les effets les plus sensibles de la fermentation, il en est » quatre principaux qui demandent une attention parti- » culière : la production de chaleur. » (Il veut dire la production de la chaleur). « Le dégagement de gaz. » (Il me semble que jusqu'à présent, on n'en a reconnu qu'un seul) : « la formation de l'alcool, et la coloration de » la liqueur ». Elle est colorée dès le principe, mais la nuance est moins forte.

Il y a deux autres phénomènes tout aussi frappans que les quatre qui viennent d'être exposés. D'abord l'odeur vive et pénétrante du spiritueux qui s'exhale et qui se répand dans le cellier; 2.º la légéreté de la liqueur, dont notre chimiste ne parle pas : elle donne moins de degrés à l'aréomètre des sels, après la fermentation, qu'elle n'en donnoit avant cette opération. J'en parlerai par la suite, et l'on verra que cet intéressant phénomène nous indique le moment à saisir pour le décuvage des vins. Il y a un autre phénomène que je n'ai pas vu rapporté dans aucun ouvrage d'œnologie, et qui n'est pas cité dans celui de M. Chaptal. Il se trouve consigné dans l'un de mes Mémoires sur la fabrication des eaux-de-vie de sucre, et même dans les *Annales des Arts et Manufactures*. En

voici la copie. « J'ai observé que dans les temps d'orages,
» et lorsque la lune est dans les sizygies, la fermen-
» tation sembloit prendre de nouvelles forces, c'est-à-
» dire qu'alors l'ébullition augmentoit dans les liqueurs
» fermentantes. » Je rappellerai cette observation, qui est
applicable à d'autres cas, dans le supplément que je projette de publier aux *Recherches Physiques et Chimiques
sur la fabrication de la poudre à canon.*

Pag. 139. « L'acide carbonique qui se dégage des vins »
(Il veut dire du moût), « tient en dissolution une par-
» tie assez considérable d'alcool. Je crois avoir été le
» premier à faire connoître cette vérité. » Cela veut
dire qu'avant M. Chaptal, on ne se doutoit pas de
l'évaporation de quelques parties d'alcool, pendant
la fermentation. Cependant l'odeur spiritueuse que l'on
sent , je ne dis pas seulement au-dessus de la cuve pendant qu'elle fermente , mais dans le cellier où elle est
placée, avoit besoin de la pénétration et des expériences
d'un fameux chimiste , pour convaincre les vignerons de
l'évaporation de quelques parties d'alcool. Cet auteur ,
fameux sans doute et très-expert, dit lui-même à la
page 148 : « L'odeur d'alcool » (il veut dire l'odeur de
l'alcool) « se fait sentir même à une grande distance. »
Au reste, l'observation qu'il rapporte avec tant de satisfaction est curieuse , si elle est vraie. Je n'ai garde de
déprécier ce qui a quelque mérite. Cependant la dissolution de l'alcool par le gaz carbonique , n'est pas prouvée
par les expériences de notre chimiste. Il se pourroit , et
il est vraisemblable , que la chaleur qui a lieu dans le
moût , sur-tout pendant la plus grande force de la fermentation , occasionnât simplement l'évaporation de

(41)

l'alcool, conjointement avec le dégagement du gaz carbonique : c'est l'opinion de Dom Gentil, bien antérieur à M. Chaptal ; c'est même la plus probable. Il faut d'autres expériences plus directes que celles rapportées par ce savant, pour démontrer la dissolution de l'alcool dans le gaz carbonique. Ainsi cet académicien n'est pas encore *le premier qui ait fait connoître cette prétendue vérité*, puisqu'elle n'est pas encore constatée : une supposition n'est pas une évidence. Dom Gentil en a parlé d'une manière à indiquer le soupçon du prétendu fait. M. Chaptal, après avoir affirmé cette dissolution, comme une *vérité*, devenu plus circonspect, en doute lui-même, et ne la donne, pag. 140, que comme vraisemblable.

Pag. 164 et 165. Les moyens que l'auteur propose pour *accélérer et animer la fermentation dans les pays froids*, sont bons ; mais ils sont connus ; et il a oublié celui de l'addition d'un ferment, concuremment avec ceux qu'il expose. On peut employer de la levûre de bière, ou du levain de pâte ; mais je préférerois l'addition du suc de quelques fruits en fermentation. Des raisins secs, égrappés, bouillis dans de l'eau, qu'on placeroit ensuite près d'un poële, ou d'une cheminée, pour exciter une prompte fermentation, me paroissent convenir à cet objet. On mettroit dans la cuvée les raisins avec leur décoction. On peut aussi y mêler du cidre en fermentation, etc.

L'explication théorique de la fermentation, donnée par M. Chaptal, d'après les observations et les expériences de Fabroni et d'autres auteurs, étant conjecturale comme toutes les théories, n'apprend rien de nouveau, qui soit utile à la pratique.

Il donne ensuite le détail des expériences sur la fermentation vineuse , par M. Poitevin et par Dom Gentil; elles sont plus curieuses qu'utiles aux progrès de l'art.

CHAPITRE V.

Du temps et des moyens de décuver, pag. 198.

L'auteur entre dans une discussion raisonnée sur le temps du décuvage , et fait très-bien sentir que le moment propre à cette opération , *doit varier selon le climat , la saison , l'espèce , la qualité,* la maturité , le mélange des différens *raisins , et la nature des vins qu'on se propose d'obtenir.* Il ajoute à ces considérations, celle *d'autres circonstances qu'il ne faut jamais perdre de vue.* Il étoit donc nécessaire de les exposer, puisqu'il a fait un ouvrage pour l'instruction du public. Il devoit au moins dans une troisième édition , réparer un oubli aussi essentiel. Je vais tâcher d'y suppléer, autant que je le pourrai. Ces circonstances qu'il ne faut jamais perdre de vue , pour tâcher de saisir à propos le moment du décuvage , sont 1.º la coloration du vin ; 2.º la diminution de la chaleur dans la liqueur ; 3.º l'abaissement du chapeau dans la vendange ; 4.º la dégustation. Ce dernier signe est celui auquel Dom Gentil s'arrête essentiellement et en quelque sorte exclusivement. Il contredit les quatre marques désignées par M. Maupin, et ne fait pas grâce à l'abbé Rozier, sur celles que cet auteur a proposées. J'ai aussi des objections à faire contre la méthode de l'Ex-Prieur de Fontenet. Voici d'abord en quoi elle consiste : Si la liqueur est sucrée au goût, il ne décuve pas. Si elle n'est plus sucrée , il décuve. Cette épreuve ne me paroit pas aussi sûre que le prétend ce fameux œnologue, qui a composé un ouvrage assez verbeux, pour prouver son opinion. Il y a très-peu de gourmets, et par conséquent très-peu de personnes en état de bien juger de la qualité de la liqueur. La finesse du palais dépend aussi de la disposition où l'on se trouve, soit relativement à la santé, soit relativement aux circonstances. Est-on à jeun ? A-t-on fait un repas ? La digestion s'opère-t-elle bien ? D'ailleurs le vin peut être plus ou moins âpre, austère, acide, et déguiser le goût du sucre. Dom Gentil dit lui-même dans son Mémoire, (pag. 105.) « Si je crains l'erreur, si je récuse mon » palais, soit scrupule, soit raison, je consulte alors le » goût du premier venu : les femmes et les adolescens » font cette distinction parfaitement ; leur goût en cela » est plus fin et plus sûr que celui de quelques personnes » que l'âge et les excès ont usées. » Mais dans le cas où le jugement des personnes consultées est contraire (1), que faut-il faire ?... Le même auteur a prouvé que la liqueur d'une cuvée ne parvient pas au même degré ; et quoiqu'il veuille tirer parti de cette circons-

______

(1) Me trouvant à dîner à l'Isle-de-France, avec neuf personnes, parmi lesquelles il y avoit quatre femmes qui ont en général le palais plus fin et plus délicat que les hommes, je pris du café après tout le monde. Je m'écriai qu'il étoit détestable et je le rejettai. Tous les convives se moquèrent de moi. J'insistai si fortement sur le jugement de mon palais, que la Dame qui donnoit à dîner, fit venir la boîte de calin, dans laquelle on avoit l'habitude chez elle de mettre le café en poudre. Il se trouva couvert de moisissure. Comment, après cette anecdote, et beaucoup d'autres que je pourrois citer, peut-on s'en rapporter avec confiance au goût du premier venu?

tance , pour enlever tantôt la liqueur inférieure , tantôt
la supérieure , il résulte de ses propres observations ,
suivant moi , que le signe tiré de la dégustation est in-
certain , puisqu'il faut , d'après cet auteur , y joindre
l'épreuve de l'aréomètre des liqueurs spiritueuses. Voici
ce qu'il en dit lui-même , pag. 9. « L'aréomètre ou pèse-
liqueur sera un témoin , si l'on veut ; mais il ne peut
influer sur ce jugement......Il nous apprendra que nous
avons pesé une liqueur plus légère que l'eau , plus pe-
sante que l'esprit-de-vin ; et le sens nous apprend que
cette liqueur est du vin. »

Je pense qu'en effet cet aréomètre ne peut pas indiquer le moment du décuvage. Il n'en est pas de même
de l'aréomètre des sels. *Je crois être le premier* qui aie
proposé , dans mes Mémoires sur la fabrication des eaux-
de-vie de sucre , imprimés à l'Isle-de-France en 1781 et
1782, l'usage de cet instrument, pour zimozimètre.
S'il marque d'abord douze degrés , étant plongé dans
du moût nouvellement exprimé des raisins, il n'en
marquera plus que onze, lorsque la fermentation aura
fait quelques progrès ; celle-ci continuant, l'aréomètre
ne marquera plus que dix degrés , et ainsi toujours en
diminuant successivement , jusqu'à un ou deux degrés , suivant la nature de la liqueur. Voilà donc un
moyen certain de connoître le moment du décuvage ,
quoique M. Chaptal *doute*, pag. 102 , *qu'on puisse jamais se faire un instrument de comparaison applicable à
tous les cas, et à tous les pays.* Sans doute, il y a des
cas , et des pays, où il sera à propos de décuver , lorsque
l'aréomètre marquera deux degrés ; tandis que dans
d'autres , il faudra attendre qu'il ne marque qu'un de-

gré et demi , ou même un degré. L'instrument n'en est
pas moins applicable à tous les cas et à tous les pays ; il
sera un véritable zimozimètre, qui indiquera le point
où en est la fermentation , dans tous les cas et dans
tous les pays. Ce sera au propriétaire à saisir l'à-propos
du décuvage , d'après les résultats qu'il aura obtenus;
et à se régler suivant la qualité préjugée de son vin ,
dans les bonnes et les mauvaises années, dans les vignobles excellens , médiocres ou mauvais.

Pour que l'aréomètre des sels serve d'indication , il est
à propos de brasser la liqueur de la cuvée, et d'en
remplir un bocal dans lequel on plonge l'instrument (1).

Il servira aussi à indiquer si le moût frais est trop
aqueux, et s'il n'est pas assez sucré. Dans l'un et l'autre
cas, on pourra ajouter à la liqueur, du miel ou du sirop
de pommes , de betteraves , de navets, pour la rendre
plus dense, et plus propre à donner un vin spiritueux.

Je ne connois pas le gleuco-mètre de M. Cadet-de-
Vaux ; mais d'après ce qu'en dit M. Chaptal , cet instrument me paroît être une espèce de pèse-liqueur. Il y
a 25 ou 26 ans que j'ai consigné mes expériences dans
des Mémoires imprimés ; ainsi je ne puis pas être taxé
de plagiat. Je rends aussi justice à ce savant, à cet
excellent citoyen; et je suis persuadé qu'il n'avoit aucune
connoissance de mes expériences, lorsqu'il a publié son
gleuco-mètre. Au surplus, elles ont été insérées, avec

---

(1) L'opération de brasser la liqueur du bas en haut, et de la
circonférence au centre , pour la rendre homogène , occasionne
l'évaporation de quelques parties spiritueuses , et le dégagement
du gaz ; mais elle accélère la fermentation.

des observations nouvelles, dans le tome XVI des *Annales des Arts et Manufactures*, du 30 nivose an XII.

CHAPITRE VI.

Pag. 222 et 223. « Dans les environs de Bordeaux, » on commence à ouiller huit ou dix jours après avoir » déposé les vins dans les tonneaux. » Je tiens d'un propriétaire de ce pays, homme très-instruit et très-éclairé, qu'on a soin d'ouiller tous les jours, pour séparer par ce moyen l'écume que le vin rend en abondance, qui est très-épaisse et qui pourroit faire tourner, dit-il, le vin à l'aigre, si on la laissoit dans le tonneau. Il ajoute qu'elle est sale et d'une couleur terne. On a même soin de nettoyer les tonneaux, à l'endroit de la bonde, jusqu'à ce que l'écume devienne plus rare, et soit moins sale ; d'où il résulte qu'il n'y a point de temps fixe, pour cesser l'ouillage, ce qui dépend de la qualité du vin et de la saison.

Ibid. L'auteur avance qu'*on ne tire les vins au clair que dans le mois de Mars.* Notre Bordelois prétend qu'il est possible que quelques particuliers qui récoltent peu de raisins, suivent cette méthode pour leur provision ; mais que l'on soutire les vins marchands dès le mois de novembre, et que ceux d'entre les négocians qui les achètent au moment, pour ainsi dire, du décuvage, exigent souvent qu'on soutire les vins, soit blancs, soit rouges, aussitôt qu'ils peuvent supporter le charrois ; ce qui arrive au commencement de novembre, et quelquefois sur la fin d'octobre. Les vins blancs de Médoc, ajoute le même expert, poussent plus facilement à l'aigre que les rouges ; ce qui est contraire à l'assertion de M. Chaptal.

Page 227. L'usage du vin muet n'est pas particulier au Languedoc; il se pratique de tout temps à Bordeaux.

Page 233. Les mêmes procédés, pour le tirage du vin, par le moyen d'*un tuyau de cuir en forme de boyau*, sont employés en Guienne.

Pag. 236 et 237. L'auteur rend compte des procédés employés pour clarifier les vins : ils sont assez connus.

J'avois apporté en France, en 1772, des graines du Bengale, qu'on nomme *titan-cotés* (1), avec lesquelles on clarifie promptement les eaux bourbeuses du Gange ; il n'en faut qu'une par barrique, quoiqu'elles ne soient guères plus grosses qu'un bouton de veste. On les fait dissoudre, en les frottant avec un peu d'eau sur un morceau de terre cuite non vernissée, et qui a des aspérités. J'en donnai à M. Baumé qui essaya en vain de les dissoudre; elles étoient trop vieilles. On pourroit en faire venir de ce pays, de plus fraîches. Si elles avoient la même vertu sur tous les vins, comme je ois le conjecturer, d'après des essais que j'avois faits à l'Isle-de-France, avec les mêmes graines, quelques années au aravant, leur usage épargneroit à Bordeaux seulement, plusieurs millions d'œufs qu'on consomme annuellement pour la clarification des vins.

Page 247. « Le tonnère et tous les mouvemens pro-» duits par des secousses, déterminent le même effet. » (l'acétification.) Ce n'est pas la secousse produite dans

(1) J'avois chez moi, à l'Isle-de-France, des *titan-cotés* ; ces arbrisseaux venoient en buissons : ils n'ont pas fleuri, avant mon départ de la Colonie. On pourroit, je pense, en trouver la description dans la Flore-de-l'Inde du célèbre Docteur *Rosburg*, aussi habile Botaniste et Agriculteur qu'il est honnête.

l'air par le tonnère, qui fait tourner les vins à l'aigre ;
c'est le développement de l'éléctricité. Une femme qui,
dans un temps critique, se promène dans une cave, n'occasionne aucune secousse ; et cependant l'on assure que
dans ce cas les vins délicats sont quelquefois sujets à tourner. Les vins de Bordeaux et de Provence qui voyagent
sur mer, et qui sont sujets à éprouver, pendant six mois, et
quelquefois pendant dix-huit ou vingt mois, des secousses,
pour ainsi dire continuelles, et souvent très-fortes, quand
la mer est grosse et *debout*, parviennent très-rarement à
l'acétification.

Page 248. « Une cave doit être creusée à quelques
» toises sous terre. » C'est peut-être le mieux : cependant, combien y a-t-il de magasins de vins au rez-de-
chaussée ? Dans les Isles-de-France et de la Réunion, où
la température est très-chaude, on tient le vin qui est en
bouteilles dans les greniers ; il s'y conserve très-bien.

Pag. 252 et 253. « En général les raisins provenant
» de terrains gras et bien nourris... donnent des vins
» qui ne sont pas de garde. » On ne peut guères citer
de terrains plus gras que ceux des palus de Bordeaux,
dont les vins soutiennent les trajets les plus longs, durent
plus que tout autre, et ne sont même potables qu'après
neuf ou dix ans, lorsqu'on ne les a pas fait voyager. J'ai
rapporté de l'Isle-de-France à Paris, en 1789, une barrique de vin de Bordeaux, qui avoit éprouvé les secousses
de l'allée et du retour, et celles du transport de l'Orient
dans la Capitale. Ce vin étoit encore en état de faire les
mêmes voyages par mer et par terre.

L'auteur ajoute que *les vins fins et délicats* se conservent difficilement. On doit faire une exception en faveur des vins de Médoc, Graves, Saint-Emilion, Canon, etc.

Pag. 266. « Je crois qu'il est impossible de faire rétro- » grader la marche du vin, lorsque l'acescence s'est dé- » clarée. » *La marche du vin!* ... Il ne s'agit pas dans ce cas de faire rétrograder *la marche* de la fermentation du vin, mais de corriger cette acescence et d'en arrêter les progrès. Le mélange d'une forte décoction de thé, avec du miel, ou du sirop, ou de la melasse, et de l'alcool, est propre à produire l'effet désiré, si l'acescence n'est pas complète.

Pag. 275. « Il paroît qu'en rapprochant toutes les » circonstances qui influent sur l'acétification, on ne » peut pas se refuser à regarder le principe végéto- » animal, au moins comme un intermède, ou un fer- » ment de la conversion des vins en vinaigre. » Si ce principe végéto-animal, est celui que l'auteur a nommé ci-devant le principe-doux, le corps-doux, on sent com- bien cela est systématique. On pourroit faire du vinaigre avec le sucre en pains dissous dans de l'eau, avec un ferment de jus de fruits, qui détermineroit dans la liqueur la fermentation spiritueuse, ensuite l'acéteuse. Dans ce mélange il n'y a rien d'animal.

Ibid. Parmi les liqueurs spiritueuses propres à être con- verties en vinaigre, l'auteur cite le *tafia* qui est une espèce d'alcool; il a voulu dire sans doute le vésou, ou jus de can- nes, qui forme en effet un vinaigre, dont l'odeur n'est pas agréable. On en fait dans l'Inde avec la sève du cocotier et du palmier ; dans le Canada, avec celle de l'érable; à Ténériffe, avec le suc du fruit des pommes de terre.

Pag. 276. « Sthal avoit observé que si on humectoit

» des fleurs de rose , ou de muguet, avec de l'alcool, et
» qu'on les mît dans des vases où l'on pût les agiter de
» temps en temps, il se formoit du vinaigre. Le même
» chimiste nous apprend encore, que si, après avoir
» saturé l'acide du jus de citrons avec des yeux d'écre-
» visses , on mêloit de l'alcool à la liqueur qui surnage
» le précipité qui s'est formé , et qu'on abandonnât le
» tout à une douce température , il se produiroit du
» vinaigre. »

Dans la première expérience, il n'y a rien d'animal.
Dans la seconde , on pourroit soupçonner que les yeux
d'écrevisses contiennent une matière adipeuse ; mais je
crois qu'on obtiendroit également du vinaigre, si l'on
saturoit le jus de citrons , avec de la magnésie blanche
d'Angleterre , qu'on ne peut pas soupçonner contenir
un atôme du principe végéto-animal.

Pag. 276. « Après avoir épuisé le vin par la distilla-
» tion de tout l'alcool , il suffit d'en arroser le résidu ,
» pour y développer une bonne fermentation acéteuse. »
J'avoue que je n'entends pas ce passage. Le résidu de
la distillation du vin est nécessairement très - aqueux.
L'auteur entend peut-être qu'il faut décanter ce résidu ,
et *arroser* ensuite le marc , pour obtenir du vinaigre.
Il auroit dû le dire , et désigner le liquide avec lequel
on doit faire cet arrosement. Ce marc me paroît peu
propre à faire un bon vinaigre , parce qu'il a une odeur
et un goût d'empyreume, et parce qu'il n'a pas les substances nécessaires pour en produire un de bonne qualité. Voici ce que dit plus raisonnablement M. Parmentier , dans l'article *Vinaigre*, inséré dans le tome X du
Cours complet d'Agriculture , pag. 384. « On sait qu'en

» distillant le vin , la liqueur qui reste au fond de la cu-
» curbite » (ce n'est point le marc qu'il faut arroser ;
arroser !...) « ne produit plus qu'un *vinaigre plat , d'une
» garde difficile.* Il est acide ... mais dépourvu de ce *gratter*
» particulier qui le caractérise. » J'ajoute qu'il a de plus
une mauvais odeur et un mauvais goût. Voilà donc un
excellent conseil que donne un excellent chimiste.

Pag. 277. « On peut conclure de ce qui précède, que
» les substances extractives , amilacées , végéto - ani-
» males, spiritueuses, etc. , peuvent servir de base in-
» distinctement à la formation acéteuse et à la forma-
» tion du vinaigre. » *La formation acéteuse* me paroit une
expression curieuse ; mais arrêtons-nous au sens. Les
substances *extractives* , *amilacées* et *végéto-animales* ne
peuvent pas servir de, base à la formation du vinaigre ;
elles pourront fournir des acides par la fermentation ;
mais ils ne constitueront pas du vinaigre. Celui-ci n'est
et ne peut être produit que par des liqueurs spiritueuses
quelconques, qui éprouvent la fermentation acéteuse. Si
elles sont dans l'état d'alcool proprement dit, elles ne subissent aucune fermentation : mais si ces dernières sont
étendues dans un liquide qui contienne des substances, soit
extractives , soit *amilacées,* soit *végéto-animales* , pour
leur servir de ferment, alors elles se convertiront en
vinaigre, par l'effet de la fermentation acide ; mais il
faut distinguer le ferment de la base. Si l'alcool est trop
concentré et en trop grande dose , il arrêtera l'effet du
ferment. Cela est si vrai que l'on conserve des fruits et
même des animaux dans de l'eau-de-vie.

Pag. 246. « Becher prétend avoir fait du vinaigre
» dans des vaisseaux fermés ; mais cette expérience

» isolée est contraire à tout ce que la plus exacte obser-
» vation nous apprend chaque jour. »

Becher étoit un chimiste qui avoit la plus grande réputation. Il mérite tout autant de confiance que qui que ce soit, quand il rapporte un fait. L'expérience nous apprend, sur-tout dans les colonies, où nous tenons ordinairement les bouteilles de vin dans les greniers, et où la température est très-chaude en été, qu'il arrive quelquefois, mais rarement, que le vin qui étoit bon dans le principe, s'est aigri au bout d'un certain temps. J'ai vu aussi des barriques de vin tourner à l'aigre. Ainsi l'expérience de Becher n'est point *isolée*, et n'est point *contraire* à des *observations exactes*. Je conviens que la communication de l'air dans les vaisseaux qui contiennent des liqueurs qu'on se propose de convertir en vinaigre, accélère l'acétification ; mais on ne doit pas, ce me semble, regarder cette circonstance, comme une condition absolument nécessaire.

Pag. 283. « Les liqueurs spiritueuses ou alcooliques
» subissent toutes la fermentation acide ; et celles qui four-
» nissent le plus d'alcool donnent le meilleur vinaigre. »

Les esprits de vin ne subissent pas la fermentation acéteuse, à moins qu'ils ne soient affoiblis, et mêlés avec des liqueurs, ou des substances qui la provoquent.

Les détails que l'auteur fournit sur la préparation du vinaigre, et sur l'acide acétique, quoiqu'ils soient connus, sont intéressans, et peuvent instruire ceux qui n'ont pas étudié cette matière.

« CHAPITRE IX, pag. 311.

« Le vin est devenu la boisson la plus ordinaire de l'homme. »

Il n'y a peut-être pas la centième partie des habitans du

globe, qui fasse du vin, sa boisson ordinaire; car en France même, qui est le pays où l'on en consomme le plus, je crois qu'il n'y a pas le tiers des habitans qui en boive habituellement.

Après avoir dit que le vin *ne peut qu'être salutaire*, l'auteur nous apprend, pag. 312, que Platon l'interdit aux jeunes gens au-dessous de vingt-deux ans, et qu'Aristote le défend aux enfans et aux nourrices. Il dit ensuite à la page 313, *que le vin récent est flatueux, indigeste et purgatif.*

Dom Gentil, en parlant de certains vins mal préparés, rapporte, à la page 186 de son *Mémoire sur la fermentation des vins*, le reproche que les médecins leur font, en ces termes : « Qu'ils sont plus capables de res-
» serrer que d'ouvrir, d'être rudes et austères, d'avoir
» des sels grossiers, d'embarrasser les parties où ils sont
» portés, au lieu de les pénétrer ; d'être trop astrin-
» gens, de resserrer l'estomac et les intestins, de nourrir
» peu, de convenir à très-peu de constitutions, à cause
» de leur extrême *stipticité*, quoiqu'ils attaquent peu
» la tête. »

Je conviens que M. Chaptal n'a voulu parler que des bons vins ; il auroit dû en faire la distinction ; mais ce ne sont pas ceux-ci qui font la boisson la plus ordinaire du plus grand nombre, c'est-à-dire du peuple ; et je pense que l'usage des mauvaises liqueurs vineuses, est pernicieux et non *salutaire.*

Pag. 314. « Les vins nouveaux déterminent aisément
» l'ivresse; ce qui tient à la quantité d'acide carbonique
» dont ils sont chargés. » (*Chargés !...*) « Cet acide, en se
» dégageant de cette boisson par la chaleur de l'estomac,

» éteint l'irritabilité des organes, et jéte dans la stupeur. »

Les vins vieux, s'ils sont très-spiritueux, et l'eau-de-vie, *déterminent l'ivresse* encore plus facilement que les vins nouveaux ; et je ne sache pas qu'on ait reconnu que l'eau-de-vie contînt beaucoup d'acide carbonique.

Les eaux de Seltz et de Sedlitz contiennent une bien plus grande quantité d'acide carbonique ; quoiqu'on en boive une plus grande quantité à-la-fois que du vin, elles n'occasionnent jamais l'ivresse.

Les vins de Champagne et d'Arbois, qui sont si mousseux par l'acide carbonique qui se développe, lorsqu'on leur fait prendre l'air, ne sont pas ceux qui provoquent le plus l'ivresse. Au lieu de jeter dans la stupeur, ils semblent ranimer le mouvement des esprits animaux, et causer de la pétillance et de la gaieté. Ce sont des faits positifs que notre savant n'avoit pas dans sa mémoire, lorsqu'il a avancé, sans fondement, que l'acide carbonique des vins nouveaux provoquoit l'ivresse. La rage de réduire tout en système possède plus d'un savant, ou demi-savant, ou ignorant qui fait profession de science, et qui se vante d'en posséder ; mais la Nature *est là*, qui se joue de leurs systèmes ; et les faits bien observés détruisent leurs fausses et ridicules assertions.

Bien plus, une très-petite dose d'opium cause aux Ammocs l'ivresse la plus furieuse et la plus redoutable ; et loin de les jeter dans la stupeur, il augmente la circulation du sang et les forces physiques, etc. Dira-t-on que c'est l'effet de l'acide carbonique ?.....

Pag. 320. « J'ai rencontré l'acide du vin jusque dans » la melasse ; c'est même pour le saturer complétement » qu'on emploie la chaux, les cendres, ou d'autres

» bases terreuses ou alcalines, dans la purification du
» sucre ; sans cela l'existence de cet acide s'oppose à la
» cristallisation de ce sel. » Autre assertion hasardée.

Dans la fabrication du sucre , on met ordinairement
dans les chaudières très-peu de chaux ou de potasse ,
tant pour saturer le peu d'acide que contient le véson ,
que pour obtenir des écumes ; Quelquefois , losrque les
cannes sont très-sucrées , comme celles qui ont végété
dans une bonne terre , et que le temps a été sec et chaud,
on ne met ni substance calcaire , ni substance alcaline ;
ce qui n'empêche pas le sucre de se cristalliser. Dans la
purification du sucre, on pourroit se dispenser d'ajouter au
sirop une substance alcaline. L'auteur dit qu'il a rencontré *l'acide du vin dans la melasse*. Comme elle est un
produit de la fabrication du sucre, *l'acide rencontré* par
notre chimiste n'avoit donc pas été *complètement saturé*.

Lorsqu'on met trop de chaux dans le sirop , il se forme
de petits grumeaux de sucre, qui sont amers. Les Indiens porphirisent de la chaux avec du *jagre* qui est un
sucre très-impur , très-grossier , provenant du suc du
palmier ou du cocotier, qu'ils font cuire , pour leur usage.
Ce mélange est souvent employé dans l'Inde à former sur
les murs de l'intérieur des maisons, un stuc très-blanc qui
a beaucoup de dureté et de poli. Il ressemble parfaitement
au marbre blanc pour le coup d'œil. (1)

____

(1) Feu M. Baumé travaillant sur le sucre que j'avois extrait chez lui
des cannes du Musée Impérial, reconnut au sucre la propriété dont j'ai
parlé, de former un corps dur avec la chaux, et crut avoir fait une découverte. Il m'en parla sur ce ton. Je lui appris que les peuples des
Grandes-Indes chez lesquels j'ai voyagé, connoissoient ce procédé depuis un temps immémorial, et qu'ils l'employoient habituellement.

Pag. 323. L'auteur attribue avec raison à l'acide malique l'odeur désagréable des eaux-de-vie provenant de la bière, du cidre, du poiré et des grains; il auroit dû ajouter que les eaux-de-vie de sucre, ainsi que celle provenant des pommes d'acajou, et que l'on fabrique à Mozambique, sont dans le même cas.

« Si par le moyen de l'eau de chaux, de la craie, ou d'un
» alcali fixe, on s'empare de cet acide, on ne pourra retirer
» que très-peu d'alcool par la distillation ; et dans tous ces
» cas, l'eau-de-vie prend un goût de feu désagréable; ce qui
» ne contribue pas à en améliorer la qualité. »

J'ai plusieurs obervations à faire sur ce passage : 1.º Le mélange de la chaux en nature dans la liqueur fermentée, destinée à la distillation, ne diminue point la quantité d'alcool qu'elle doit produire ; car il n'a pas, comme l'acide, la propriété d'être absorbé par la chaux ; j'en ai fait l'expérience maintefois : j'en rapporterai une qui me paroît intéressante sur la fin de ces observations; 2.º L'eau-de-vie ne prend point par le mélange de la chaux dans la liqueur, avant la distillation (car il est à propos de la décanter, après la précipitation de la chaux, pour la mettre dans l'alambic) un goût de feu désagréable ; mais elle en contracte un de chaux, quoique léger ; 3.º Il convient, après qu'on a séparé la liqueur du sédiment, d'y mêler, avant la distillation, de l'acide sulfurique qui fait disparoître et le goût et l'odeur de la chaux. C'est le précepte que j'ai donné aux brûleurs d'eau-de-vie de sucre, dans ces mêmes Mémoires. On obtient par ces procédés un alcool beaucoup meilleur, qui a même une légère odeur d'éther, et qui n'est pas empyreumatique, lorsque la distillation a été bien conduite.

(57)

Pag. 525. « Cet acide que nous trouvons dans le rai-
» sin, à tous les périodes de son accroissement, et qui ne
» disparoît dans le vin que du moment qu'il a dégénéré
» complétement en vinaigre, mériteroit de préférence la
» dénomination d'*acide vineux*. Néanmoins, pour ne pas
« innover, nous lui conserverons celle d'*acide malique*. »

Il porte ce dernier nom, parce qu'il a été reconnu d'a-
bord dans les pommes, ensuite dans les poires, dans les
grains, dans les cannes à sucre, et dans beaucoup d'autres
végétaux. Il mériteroit donc une dénomination plus géné-
rique que celle qu'il a, et que celle que l'auteur a été tenté
de lui substituer.

Je ne le suivrai pas dans la description qu'il fait des
alambics. Je dirai seulement que je n'ai pas attendu l'*é-
poque où la science chimique a commencé à porter un œil
plus éclairé sur les opérations des arts*, pour opérer des
changemens avantageux dans la construction de l'appareil
distillatoire que j'avois établi sur ma terre à l'Ile-de-France,
en 1782. Mes alambics avoient la forme d'un carré long,
afin que le feu placé sous la partie antérieure, parcourût
toute la longueur de la chaudière ; ils n'avoient aucun
rétrécissement, de sorte que le chapiteau qui avoit une
forme bombée, et qui étoit en étain de Malac, ainsi que
les deux serpentins, avoit le même diamètre. (1)

J'avois reconnu, par expérience, lors de mes recherches
sur la fabrication des eaux-de-vie de sucre, en 1781, recherches entreprises bénévolement, sur l'invitation des

____

(1) Voyez la page 91, et sur-tout la 93.e du tome II de mes moyens
d'amélioration des Colonies, où je relève deux erreurs graves du
Chimiste Chaptal.

deux Administrateurs en Chef de l'Ile-de-France, que cet alcool dissolvoit le plomb avec la plus grande facilité, sur-tout lorsqu'il étoit chaud ; et qu'il se chargeoit de verd-de-gris, lorsque les chapiteaux et les serpentins de cuivre en contenoient. Pour m'assurer du premier fait, j'adaptai au bec du chapiteau, pendant la distillation, un tuyau de plomb, et je poussai le feu. L'alcool sortit blanc comme du lait ; j'en remplis une bouteille, et je laissai reposer cette liqueur jusqu'au lendemain. Elle étoit devenue claire; le blanc de plomb s'étoit précipité au fond du vase. Je désirois connoître la qualité de cet alcool, et celle du précipité, et les soumettre l'un et l'autre à des expériences ultérieures ; mais le propriétaire chez lequel je travaillois dans cette occasion, craignant quelque événement funeste, pour ses noirs, fit vider, pendant mon absence, et nettoyer la bouteille qui contenoit la susdite liqueur. Cette expérience m'avertit que l'alcool, pendant la distillation, dissolvoit le plomb de l'étamage du chapiteau, et m'apprit que c'étoit la raison qui faisoit que ces étamages ne duroient pas ; d'où il résultoit que le cuivre se trouvoit à nud, et qu'il s'en convertissoit quelques portions en verd-de-gris, lorsqu'il étoit humecté : l'alcool les entraînoit ensuite avec lui et en dissolvoit au moins une partie.

J'ai reconnu la présence du verd-de-gris dans du rome qu'un brûleur m'avoit envoyé, pour des essais. Il en contenoit si peu qu'il ne changea pas de couleur par le mélange de l'alcali volatil ; mais je précipitai cet oxide, avec de la chaux ; le lendemain je décantai la liqueur avec précaution ; je n'en laissai dans le vase qu'une très – petite quantité, dans laquelle je supposai que devoit se trouver tout le verd-de-gris contenu originairement dans la liqueur; et j'ajoutai alors du même alcali, qui donna sur le-champ au liquide, une belle couleur bleue. *Je crois être le premier* qui, dans mes Mémoires de 1781, aie publié ce procédé; quelque simple qu'il soit, je pense qu'il devroit être plus connu.

Ce sont ces expériences qui m'ont fait sentir qu'il étoit à propos de substituer des chapiteaux et des serpentins d'étain à ceux de cuivre, pour la distillation des eaux-de-vie de sucre. J'ignore si celles tirées du vin, des grains, des pommes, du miel, etc., ont les mêmes propriétés, tant sur le plomb que sur le verd-de-gris; il seroit bien facile de s'en assurer. Si cela étoit, la police devroit obliger tous les distillateurs d'eaux-de-vie quelconques à n'employer que des chapiteaux et des serpentins d'étain pur; car il y auroit du danger à se servir d'étain allié de plomb. Lorsque le premier est pur, il n'est point attaqué par l'alcool du sucre. L'administration de l'Île-de-France avoit pris cette mesure, en 1781, d'après mes observations.

Pag. 563. « Tous les vins naturels ont un bouquet » plus ou moins agréable. » Ce seroit bien plutôt les vins artificiels qui auroient le bouquet qu'on voudroit leur donner. « Il est des vins qui doivent une grande » partie de leur réputation au parfum qu'ils exhalent. Le » vin de Bourgogne est dans ce cas là. Ce bouquet se » renforce par la vétusté. »

J'ai bu des vins de Bourgogne très-vieux qui avoient perdu leur bouquet. On sait que ces vins, transportés dans nos colonies des Indes-Orientales, perdent, en passant la ligne, leur couleur et leur parfum, et qu'ils sont sujets à s'aigrir. Cependant j'ai bu à l'Ile-de-France, du Bourgogne apporté par un Capitaine de vaisseaux, de mes amis, qui au lieu de perdre de ses bonnes qualités, en avoit au contraire acquis : mais ce Capitaine n'avoit eu garde de prendre des vins fins; il avoit choisi ceux de la seconde qualité, qui s'étaient bonifiés dans le voyage. On n'en boit pas de meilleur en Bourgogne.

Puisque les vins parfumés sont si recherchés, pourquoi ne leur donne-t-on pas cette qualité, en y ajoutant du jus de framboises, ou de fraises, ou des fleurs de sureau, ou de raisins, etc., etc. ? Ce seroit vraisemblablement un moyen d'augmenter le débit des vins de France, chez l'étranger. Pourquoi ne fabriqueroit-on pas des vins artificiels, avec le jus de plusieurs fruits, soit purs, soit avec le moût, soit avec le vin, soit en y mêlant de l'alcool, du sucre et quelques aromates? On trouvera à l'article VIN, dans le nouveau Dictionnaire d'Histoire Naturelle, quelques recettes publiées par M. Parmentier. J'ajouterai que j'ai composé moi-même différens vins qui ont été trouvés très-agréables. Entr'autres, je préparois annuellement à l'île-de-France, un vin de dessert, avec les framboises du pays, qui y ont été transplantées des Moluques par feu mon ami Commerson, qui sont inodores, mais qui prennent le goût et le parfum de celles de France, par le mélange du sucre, et par le moyen de la fermentation, sans en avoir l'acidité. J'avois apporté de cette colonie, à Paris, en 1789, cent cinquante bouteilles de ce vin. J'en ai distribué à plusieurs personnes qui l'ont trouvé excellent, au point qu'on m'a offert vingt-quatre livres de la bouteille. Je n'avois pas prévu cette grande vogue. J'ai essayé de faire en France un vin semblable avec les framboises de l'Europe; je n'ai

pas aussi bien réussi ; la fermentation de celles-ci est beaucoup plus forte , et beaucoup plus longue , et se renouvelle
plusieurs fois , après qu'on l'a cru appaisée. J'aurois re-
commencé ces essais , si j'en avois eu les moyens. J'ai
préparé , à Ténériffe , avec le suc des mûres du pays, du
sucre et de l'alcool, un vin de dessert qui a été trouvé
délicieux et cordial.

Dans le genre des compositions ou des préparations
de liqueurs vineuses, l'industrie a un vaste champ à
parcourir et à défricher. On l'a jusqu'à présent dédaigné
et négligé mal-à-propos. On peut faire quantité de mixtions,
dont les produits seroient non-seulement très-agréables ,
mais cordiaux et salutaires.

« Les anciens, dit M. Chaptal , pag. 168 , mêloient des
» aromates à la vendange en fermentation, pour donner
» à leurs vins des qualités particulières. Pline raconte
» qu'en Italie , il étoit reçu de répandre de la poix et de
» la résine » (sans doute en poudre; mais quelle résine?)
« dans la vendange, *ut odor vino contingeret et saporis*
» *acumen.* Nous trouvons dans tous les écrits de ce temps
» là , des recettes nombreuses pour parfumer les vins.... »
» Nous pouvons présager d'heureux effets » (de ces procédés) « d'après l'usage pratiqué dans quelques pays, de
» parfumer les vins avec la framboise, la fleur sèche de la
» vigne, etc. ».

L'auteur ajoute ici une note dans laquelle il a l'air
de se dédire. « La supériorité , dit-il, page 169, de nos
» vins sur ceux des anciens , nous dispense assez géné-
» ralement de recourir à ces compositions qui sont tou-
» jours employées pour masquer quelques défauts, ou
» pour donner quelque vertu ».

Il me semble que c'est beaucoup que de *masquer*, ou de corriger les *défauts* d'une liqueur potable, et de lui *donner quelques vertus*. Mais je demande à notre fameux chimiste comment il sait que nos vins sont supérieurs à ceux des anciens?... Ils en avoient qui n'avoient acquis leur perfection qu'au bout de 15 ans, d'autres au bout de 25 ans, d'autres au bout de 5o et même de 100 ans et plus. Ils en avoient qui étoient presque concrets, et qu'on ne pouvoit rendre potables qu'en les dissolvant dans de l'eau chaude. Nous ne connoissons plus tout cela. Et voilà qu'un grave personnage, un fameux chimiste, un savant académicien, un grand écrivain, nous assure que nos vins sont supérieurs à ceux des anciens. En a-t-il goûté?..... *Risum teneatis, amici.*

Les anciens qui, pour n'avoir pas de grandes connoissances en chimie, n'étoient pas si ignorans qu'on le dit, en fait de pratique, préparoient les tonneaux qui devoient recevoir leurs vins.

Pag. 211. « Les anciens Romains mettoient du plâtre, » de la myrrhe et différens aromates (pag. 212) dans » les tonneaux où ils déposoient leurs vins, en les tirant » de la cuve ; c'étoit ce qu'ils appeloient *conditum vino-* » *rum* » (assaisonnement des vins.) « Les Grecs y ajou- » toient un peu de myrrhe pilée et de l'argile. Ces diverses » substances avoient le double avantage de parfumer le » vin, et de le clarifier promptement !..... »

L'abbé Rozier dit dans son *Mémoire sur la meilleure manière de faire le vin*, etc., couronné par l'Académie de Marseille en 1770, à la page 52, « que les tonneaux » sont ordinairement construits en bois de chêne et de » châtaignier ; » et il ajoute « que les uns et les autres ont

» une astriction désagréable , mêlée d'une amertume
» austère et rebutante. » Il propose ensuite un moyen
de *faire disparoître ce mauvais goût que le vin s'adapte
très-facilement*. Sans doute il est possible d'en faire disparoître la plus grande partie ; mais j'observerai que la
liqueur, quelle qu'elle soit, dissout des parties extractives , gommeuses, et à l'aide de celles-ci , des parties
résineuses du bois , et que l'astriction que prend le vin,
tend à sa conservation. Si l'on veut l'en garantir absolument , le meilleur moyen est de carboniser l'intérieur
des tonneaux , d'après le conseil que M. Berthollet a
donné , pour conserver pure l'eau douce dans les voyages
sur mer.

L'Abbé Rozier dit , à la page 75 du même Mémoire ,
que « le bois de mûrier est préférable à celui de chêne
» et de châtaignier ; qu'il a moins d'âpreté , moins d'as-
» triction , et qu'il communique un goût agréable au vin ,
» principalement au vin blanc ; mais qu'il durera moins
» que les deux autres, et que ses pores sont plus ouverts.»
La carbonisation de l'intérieur des merrins , et un vernis
appliqué à l'extérieur des tonneaux , leur procureront de la
durée ; mais le vin ne contractera pas ce goût agréable
dont parle l'auteur.

Il conseille de construire les foudres et les cuves en
pierres. L'acide du vin dissoudra la chaux qui fait partie
de la liaison des pierres. Si l'on veut obvier à cet inconvénient , on appliquera , avec un pinceau , sur tous
les joints parfaitement desséchés , un enduit de soufre
fondu au feu , qui est indissoluble à cet acide.

C'est pour suppléer aux omissions de notre Auteur,
que j'ai rapporté les deux passages du Mémoire de l'Abbé

Rozier, qui ont rapport au choix de l'espéce de bois, propre à la construction des tonneaux dans lesquels on dépose le vin. Dans le Supplément au Mémoire sur la fabrication des eaux-de-vie de sucre, que j'ai publié à l'Isle-de-France, en 1782, on trouve à la page.... une note que je vais transcrire.

« J'ai fait l'expérience suivante, dans la vue de connoître jusqu'à quel point la chaux décompose l'eau-de-vie de sucre, (suivant l'opinion des Chimistes d'alors). »

« J'ai mêlé, dans un petit alambic, douze livres de bonne chaux éteinte à l'air, et qui paroissoit assez sèche, avec treize livres de guildive de vingt degrés, le thermomètre étant à vingt-quatre degrés. J'ai retiré six pintes de liqueur qui avoient une forte odeur de chaux et d'empyreume, sur-tout les dernières qui ont été distillées. J'ai mêlé quatre onces d'huile de vitriol à ces six pintes de liqueur, et je les ai rectifiées. La première bouteille étoit un esprit très-pénétrant, qui pesoit 5 degrés et demi, à l'aréomètre de Baumé; et la deuxième, 29 degrés. J'ai mêlé ensemble les cinq premières pintes; alors cette liqueur pesoit 20 degrés fort, le thermomètre étant à 24 degrés : elle n'avoit ni âcreté ni acidité; mais un goût piquant et chaud, et une odeur très-pénétrante. Plusieurs personnes qui en ont goûté, l'ont trouvée excellente. L'on voit par-là que j'ai perdu peu de chose dans les deux distillations, et que la chaux ne décompose pas l'eau-de-vie de sucre, comme on étoit porté à le croire. Cette même liqueur, réduite à 16 degrés de l'aréomètre de Baumé, par le mélange de l'eau de chaux filtrée, a déposé très-peu de sédiment, et beaucoup moins que du tafia ordinaire de même force et de bonne qualité, réduit au même taux, par le même mélange. Malgré ces deux distillations, la liqueur avoit encore un peu de cette odeur bitumineuse ou nauséabonde des eaux-de-vie de sucre, dont j'ai beaucoup parlé dans mon premier Mémoire, que l'eau de chaux développe singulièrement, et qu'aucun des procédés que j'ai tentés n'a pu détruire entièrement. »

Je vais maintenant donner l'extrait d'un Mémoire adressé, il y a environ deux ans, à la Société d'Agriculture de Paris, par M. de Chancey, l'un de ses Correspondans.

Extrait du *Mémoire de* **M. de Chancey**, *sur la fabrication des Vins, et la manière de les gouverner.*

« Le premier principe de **M.** Bergasse est la maturité complète du raisin. Il faut aussi que la vigne ne soit composée que de cépages qui mûrissent à la même époque.»

» Le second principe est de ne vendanger, que lorsque la rosée est levée ».

« Le troisième, que tous les raisins blancs soient récoltés à part, parce qu'indépendamment de ce qu'ils ne fournissent point de parties colorantes, et qu'ils absorbent une partie de celles des rouges, la fermentation des raisins blancs n'étant pas la même que celle des rouges, le résultat de ces deux fermentations est qu'on a un vin qui n'est pas de garde, et sujet à péricliter, parce que pour qu'il se conserve, il faut que la fermentation soit une ».

Observation. Il est possible que la fermentation des deux moûts rouges et blancs, mis à part, ne se comporte pas de la même manière ; mais lorsqu'ils sont mêlés, *la fermentation est une*, quoiqu'elle ne soit jamais simultanée. Je crois cependant le conseil donné dans ce 3.ᵉ article, bon à suivre, parce qu'il peut résulter du mélange des deux moûts, que le vin n'ait pas autant de qualités que lorsqu'on les a fait cuver séparément.

4.° « Il faut fouler complétement les raisins ; que non-seulement pas un grain ne reste entier, mais qu'ils soient tous brisés et froissés, pour bien mettre à nud leur partie colorante ».

5.° « Séparer ensuite la grappe, à l'aide d'un égrappoir, des pellicules qui lui restent attachées. » (1)

6.° « Tirer le vin de la cuve, lorsqu'il est fait ; le meilleur juge est le goût. » (Je ne suis pas de cet avis.)

7.° « Placer ce vin dans des foudres, lorsqu'on le peut ».

8.° « Le soutirer en novembre ou décembre, à nud, s'il est gras, ou s'il a trop d'esprit ; ou bien à couvert, à l'abri de l'air, à l'aide de tuyaux et soufflets, ainsi qu'on le pratique en Champagne, dans le Bordelois, en Allemagne et ailleurs. »

9.° « Le soutirer une seconde fois en février, quelquefois le coller avec des blancs d'œufs et le fouetter ».

10.° « Le soutirer une troisième fois en juillet, avant les grandes chaleurs ; le coller et le fouetter en même temps. Cette opération de coller et de fouetter ne se fait pas toujours ; cela dépend des circonstances que le praticien connoît à merveille ; c'est à l'œil et au goût exercés à en juger ».

« Quant aux années suivantes, l'on soutire toujours avant l'hiver, et au printemps, avant la floraison de

---

(1) J'ai dit ci-devant que la décoction des pellicules n'étoit pas astringente. J'ajoute ici que cette même décoction, mise dans un vase, a présenté de la moisissure, dès le troisième jour ; tandis que celle des pepins de raisins n'en avoit point au bout de 5 jours ; mais ensuite il s'en est formé.

la vigne. L'on colle et l'on fouette toujours, avant de mettre le vin en bouteilles. L'on emploie douze blancs d'œufs, par barrique de 200 pintes ».

« Les vins de M. Bergasse ont généralement atteint toute leur perfection, à dix et douze mois, quelques-uns à dix-huit ; peu sont dans le cas d'attendre deux ans. Cependant les vins faits par M. Bergasse, malgré leur prompte vieillesse, sont de garde...... »

« Dans le Bordelois... l'on compose le cépage des vignes de trois plants différens, le Carmenet pour les trois quarts, le Verdot et le Malbec, pour un huitième chacun. Le premier donne de l'agrément au vin, le second de la force, et le troisième de la couleur ».

« On greffe beaucoup dans le Bordelois; cette pratique y est devenue usuelle.... ».

M. de Chancey a mêlé quatre livres et demie de melasse par pièce de deux cents pintes, et prétend qu'il y avoit excès. Il y a des melasses plus concentrées les unes que les autres ; il auroit dû en reconnoître les degrés par le moyen de l'aréomètre des sels.

Il vante les vins cuits, provenant des muscats rouges de Marseille qu'il compare au vin de Constance, et le muscat blanc provenant des raisins près de Lyon.

M. Duplessy, propriétaire de vignes près de Bordeaux, prétend que toutes les opérations détaillées dans le Mémoire de M. de Chancey sont connues dans le territoire de cette ville ; qu'au lieu de souffrer les vins, on y mêle du *vin-muet* ; qu'il y a plus de trente sortes de vignes dans le Bordelois ; qu'il est très-rare qu'on les greffe, et tout aussi rare qu'on y ajoute du sucre, ou de la melasse.

Il assure qu'on laisse toujours une petite quantité de grap‑
pes avec le moût.

Quoique nous ayons beaucoup de Mémoires qui trai‑
tent de l'œnologie, il nous manque encore un ouvrage
complet qui embrasse tous les détails de cette partie
intéressante de l'économie rurale. Elle ne peut être bien
traitée que par un agriculteur intelligent, bon observateur,
grand praticien, qui, après avoir étudié cette matière,
parcourra les différens vignobles de la France, de l'Alle‑
magne et de l'Italie, et sacrifiera son temps et ses moyens
à des expériences très-variées et très-multipliées. Ce n'est
pas dans le cabinet que l'on rédige de tels ouvrages. Si la
théorie peut aider dans les recherches, il faut nécessaire‑
ment qu'elle soit accompagnée d'une longue pratique.

Jusqu'à présent on ne s'est occupé que des vins fer‑
mentés. Ne pourroit-on pas essayer d'en préparer quel‑
ques-uns sans fermentation ? On choisiroit, pour cette
opération, des raisins savoureux, agréables, qui auroient
atteint une maturité parfaite ; on y ajouteroit de l'alcool
en quantité suffisante pour arrêter le mouvement fer‑
mentatif, et on ne consommeroit ce vin que dans un état
de vétusté que l'expérience apprendroit à connoître, pour
donner le temps aux esprits ardens de se combiner par‑
faitement avec le jus de raisins. Si l'on vouloit un vin de
liqueur, on y ajouteroit du sucre, et quelque substance
aromatique. Ces vins seroient plus coûteux que ceux
fermentés ; mais peut-être acquerroient-ils un prix qui dé‑
dommageroit de la dépense.

Dans le Sancerrois, Département du Cher, où l'on
prétend que l'on cultive la vigne avec soin et même avec

intelligence , on marque , avant les vendanges , les ceps
chargés de fruits , afin de les multiplier par des provins
et par des marcotes ; on marque aussi ceux qui sont sté-
riles ; on les arrache, ou on les greffe. Cette méthode
est aussi pratiquée par plusieurs vignerons du Bordelois ,
qui visent plus à la quantité qu'à la qualité du produit.
Cette pratique , si elle étoit suivie plus généralement ,
mais avec circonspection , pourroit être utile dans plus
d'un canton. En un mot, on ne sauroit réunir un trop
grand nombre d'observations sur un point aussi intéressant de l'économie rurale , qui importe essentiellement à
la santé , et aux jouissances des hommes , et à la prospérité
de la France.

Je vais donner maintenant le détail de quelques expériences que j'ai annoncées dans le cours de ces observations, et qui paroissent prouver que le tartre , soit
brut , soit purifié, n'a aucune vertu fermentative. Ainsi
les conséquences qu'on lui a attribuées , déduites de cette
propriété supposée , sont erronées. C'est un point de l'œ-
nologie d'autant plus important à constater, qu'il peut
conduire quantité de personnes à des opérations fausses.
Il est difficile de concevoir comment une erreur aussi
grave a pu s'acréditer , d'après l'autorité du Marquis de
Bullion qui , je crois, est le premier qui l'ait avancée,
et qu'un homme du mérite de M. Chaptal ait cherché à
la propager. Quand on examine la nature de la crême
de tartre, qui n'est autre que l'acide du vin combiné
avec un alcali fixe végétal , on ne voit pas comment ce
sel neutre pourroit contribuer à la fermentation de la

liqueur vineuse. On sait que par le moyen de la fermentation insensible, ce sel se dépose spontanément sur les
parois des tonneaux qui contiennent certains vins , parce
qu'ils ne peuvent plus le tenir en dissolution. S'il étoit un
ferment , il semble qu'au lieu de se précipiter , il devroit
continuer dans la liqueur l'agitation fermentative.

D'un autre côté , on ne voit pas comment il pourroit augmenter dans les liqueurs vineuses, la quantité
d'alcool. Il ne contient rien qui ait quelque analogie avec
les esprits ardens. Seroit-ce , comme le suppose M. Chaptal , parce qu'il rend la fermentation plus *parfaite* ou
plus complète? Mais ici ces deux mots sont comme vides
de sens. La fermentation acquiert toujours son *maximum*,
en plus ou moins de temps. Si dans les liqueurs très-
sucrées, elle n'a pas pu convertir en alcool tout le sucre
qu'elles contiennent, c'est parce que cette substance et
l'alcool lui-même y sont trop abondans. Veut-on faire
fermenter tout le sucre que ces liqueurs contiennent, il
ne faut, ce me semble, qu'y ajouter de l'eau (et peut-
être un peu d'acide), pendant qu'elles fermentent.
C'est une expérience délicate à tenter, qui demande de
l'intelligence de la part de l'expérimentateur , pour saisir
le moment opportun du mélange de l'eau et la proportion convenable , et pour vérifier si l'acide contribue
au succès de l'opération , la dose et le choix de l'espèce.
Ainsi voilà bien des essais à tenter. Si l'on demande
dans quel but on se livreroit à ces recherches , je répondrai que l'expérience en fera connoître l'utilité ou l'im-
portance , et qu'il ne seroit peut-être pas impossible qu'on
doublât par ce moyen la quantité d'une liqueur sucrée,
sans qu'elle perdit de sa force. Ce seroit peut-être un peu

aux dépens de son parfum. Mais on pourroit lui en donner un artificiel. D'ailleurs on acquerroit par ces expériences plus de connoissances qu'on n'en a sur l'œnologie, et ce seroit un pas de fait pour les progrès de cette science.

C'a été pour moi un grand sujet d'étonnement de voir que la levûre de bière, qui paroissoit bien conditionnée, n'ait excité, quoiqu'en assez grande dose, aucune fermentation dans les liqueurs sucrées où j'en ai mêlée. Je ne regarde pas ces expériences comme décisives; j'engage à les répéter; mais j'avoue que si ce ferment qui agit si puissamment sur la pâte de farine, avec laquelle il a beaucoup d'analogie, puisque cette levûre est une fécule provenant un grain farineux, a peu d'influence sur une liqueur sucrée, il faudroit préférer un autre ferment, lorsqu'on voudroit donner le mouvement de la fermentation spiritueuse à quelque liqueur. A l'Ile-de-France, où l'on n'a point de brasserie, j'ai toujours employé dans les essais que j'ai faits le suc de quelques fruits et sur-tout de la mangue, comme ferment, et toujours avec succés.

J'aurois dû mettre à sa place un fait qui me paroît intéressant en lui-même, et qui peut le devenir davantage par ses conséquences. A l'Ile-de-France, la seule Colonie que la nation française possède dans les Mers Orientales, (et certes bien française, d'après les preuves multipliées qu'elle a données de son attachement à la France), à l'Ile-deFrance, où l'on n'a point de connoissances scientifiques de la zimotechnie, on a fait fermenter le suc exprimé de la Jam-Rosad, fruit très-commun dans une grande partie de l'Asie : On en a obtenu un alcool excellent qui a le parfum et le goût de la rose. En y ajoutant du sucre, on a sans autre préparation, une liqueur de table extrêmemement agréable. Qui empêche d'essayer les mêmes procédés sur le suc de certains fruits de France ?....

On trouvera sans doute très-incomplet le détail des expériences que je présente ici. Les circonstances ne m'ont pas permis de leur donner plus d'étendue ; d'ailleurs je n'avois, en les commençant, pour objet, que de reconnoître par des expériences directes, si le tartre provoque la fermentation. Lorsqu'on en mêle dans le moût avec du sucre quelconque, on ne sait si l'on doit attribuer au tartre ou au sucre, les phénomènes que l'un ou l'autre détermine, ou que l'on croit apercevoir. Mais en mêlant du tartre avec du sirop de sucre qui n'a pas la propriété fermentante, il étoit évident que si la fermentation se développoit dans la liqueur, elle seroit due à l'action du tartre. Dans le cas contraire, les incrédules auroient pu dire qu'il est nécessaire que le tartre reçoive l'impulsion d'une *substance fermentative*, pour aider ensuite à la fermentation, et la rendre *plus complète*, en un mot *plus parfaite*. J'ai donc ajouté au sirop tartareux de la levûre de bière, sans succès.

Je conviens que ces expériences doivent être répétées, qu'on doit même les varier, pour établir entr'elles des comparaisons, et qu'il seroit à propos d'en rassembler les résultats, si l'on peut venir à bout d'en obtenir dans différens pays, et avec des mixtions différemment combinées, quant aux proportions, et quant au choix des liqueurs ou des substances avec lesquelles on opérera. Je serai très-flatté d'avoir pu contribuer au développement de ces recherches.

J'ai dit, dans le cours de ce Mémoire, que j'avois éprouvé à l'Ile-de-France que le sucre dissous dans de l'eau ne fermentoit pas, sans l'addition de quelque substance qui pût provoquer la fermentation. En effet les fruits et les racines que l'on confit au sucre, la viande elle-même que l'on tient plongée dans du sirop concentré, n'ont aucune fermentation qu'au bout d'un très-long temps. J'ai tenu des aîles de volailles, d'oies, de dindes, de perdrix ; j'ai tenu du veau, des cotelettes de mouton et de cerf, toutes ces viandes cuites sur le gril, après les avoir enduites de saindoux, ou rôties, dans du sirop concentré, pendant quinze mois, sans qu'elles éprouvassent de fermentation (1).

D'après cela, voulant m'assurer si le tartre étoit un ferment, il m'a semblé qu'il étoit à propos d'en ajouter dans du sirop affoibli par le mélange de l'eau, en différentes proportions, et que cette épreuve seroit plus décisive que les expériences rapportées par plusieurs œnologues, qui ont avancé, d'après les assertions de M. de Bullion, que le tartre facilitoit, ou provoquoit la fermentation ; ils en ont ajouté au moût, et ils ont cru reconnoître cet effet, je ne sais sur quel fondement. Le moût est par lui-même une liqueur très-fermentescible ;

---

(1) Toutes ces viandes deviennent très-dures. On a beau les cuire dans l'eau, lorsqu'on veut en manger, elles sont toujours trop fermes. Les Indiens font cependant usage de ce procédé ; ils ont peut-être qelque moyen de les attendrir. Peut-être que l'on obtiendroit cet effet, si après avoir lavé ces viandes dans de l'eau chaude, pour enlever le sirop, on les tenoit exposées pendant quelque temps à la vapeur de l'eau bouillante.

il n'a pas besoin de ferment , pour prendre spontanément
le mouvement fermentatif. Tout ce qu'on peut conclure
de leurs expériences , c'est que l'addition du tartre au
moût , n'a pas empêché la fermentation de cette liqueur.

Je m'appuie , pour prouver la vérité de cette assertion ,
de l'autorité du fameux chimiste, M. Proust, qui prouve
dans son Mémoire sur l'extraction du sucre des raisins, imprimé à Paris, dans les Annales de Chimie, du 31 mars
(1806, pag. 253), que le tartre ne contribue point à la fermentation. Si j'avois connu plutôt une autorité aussi respectable , je n'aurois pas entrepris des expériences qui
confirment celles de ce fameux Chimiste.

Le Mémoire de ce savant est plein de faits curieux et
intéressans , qui ne peuvent que contribuer à l'avance-
ment de la science de l'œnologie. Il confirme par ses
expériences ce que j'avois dit, dans un Mémoire lu, il y
a quelques années , à la Société d'Agriculture de Paris ,
sur l'extraction du sucre de certains raisins , et sur celle des
pommes. La première opération est possible , quand on
travaille avec des raisins sucrés , comme sont ceux d'Espagne et de Provence. La 2.e ne donne qu'un sucre incristallisable , d'après mes propres expériences. Je provoque l'attention et le travail de nos Chimistes, pour
qu'ils trouvent le moyen de rendre ce sirop cristallisable.
Quoiqu'il puisse servir à beaucoup d'usages dans cet état,
ce seroit rendre à la France un grand service que de lui
enseigner les procédés par lesquels on pourroit faire cristalliser le sucre liquide des pommes et des poires.

EXPÉRIENCES faites en 1807, sur diverses substances saccharines, pour connoître si le tartre est un ferment.

PREMIÈRE EXPÉRIENCE.

Du 26 Août.

J'AI mis dans une jatte de terre vernissée, une demi-once de tartre brut, et j'ai versé de l'eau chaude qui a paru la dissoudre. J'y ai ajouté ensuite une livre de sucre blanc en pains, que j'ai fait fondre. J'ai couvert la jatte avec une assiette.

J'ai répété la même opération et la même mixtion dans une autre jatte semblable, à l'exception que j'ai employé cette fois de la crême de tartre.

Du 28 Août.

Les liqueurs des deux jattes n'ayant éprouvé aucun changement, quoique le temps eût été chaud, j'ai ajouté dans la première une once de tartre brut, et huit onces de sucre blanc en pains, et dans la seconde, une once de crême de tartre, et huit onces du même sucre. La première a présenté 19 degrés trois quarts à l'aréomètre des sels de Beaumé, et la seconde, 19 degrés et demi. Le sirop qui contient du tartre brut étoit comme rougeâtre, et celui qui contient de la crême de tartre étoit blanchâtre ; mais après le repos, le premier étoit peu coloré, et le second étoit assez clair.

Du 30 Août.

Les deux sirops n'ont donné aucun signe de fermentation, ni à l'odorat, ni à l'ouie, ni à la vue, ni à l'aréomètre, quoique la chaleur ait été très-forte.

Du 31.

Les deux sirops sont dans le même état qu'hier. La chaleur est moindre aujourd'hui que ces jours passés ; par cette raison , j'ai tenu fermée la fenêtre de la chambre où sont les vases qui contiennent les deux liqueurs. Ils sont placés assez près d'une cheminée , où je fais tous les jours du feu , depuis 5 heures du matin, jusqu'à deux heures de l'après-midi.

Le sirop qui contient du tartre brut a un peu de crême brunâtre à sa surface , mais sans bulles d'air. Celui qui contient la crême de tartre n'en a point et il est très-clair.

Ces deux sirops sont un peu acides , à mon goût, et à celui des personnes qui en ont goûté.

Du 1.er Septembre.

Les deux sirops n'ayant donné aucun indice de fermentation, j'ai craint qu'ils ne fussent trop concentrés , et j'y ai ajouté de l'eau chaude , jusqu'à ce qu'ils présentassent l'un et l'autre douze degrés à l'aréomètre des sels de Baumé, qui est le point le plus favorable à la distillation du rome , dans les Colonies en général. Par ce moyen , les deux sirops ont dû tenir plus de tartre en dissolution , et se trouver par là plus disposés à fermenter, si le tartre a la propriété de provoquer la fermentation.

Du 3 Septembre.

L'une et l'autre liqueur ne présentent aucun indice de fermentation. Mais celle qui contient du tartre brut a une odeur légèrement vineuse, et quelques parties qui surnagent la liqueur ; mais il n'y a aucun mouvement intestin, et nul dégagement de bulles d'air, ou plutôt d'acide carbonique. L'odeur vineuse, ainsi que les substances qui surnagent la liqueur, proviennent de la lie qui est mêlée avec le tartre brut. L'autre liqueur qui contient la crême de tartre est claire, n'a pas la même odeur, et n'a rien à sa surface.

Du 4 , du 5 , du 6 , du 7 Septembre.

Les deux sirops sont dans le même état.

J'ai brassé, le 7 septembre, les deux liqueurs, après les avoir examinées à l'aréomètre des sels, qui a présenté, comme ci-devant, douze degrés, preuve certaine qu'il ne s'y est établi aucune fermentation, parce que dans ce cas, la liqueur devenant plus légère, par la formation de l'alcool, présente moins de degrés, à proportion de la quantité d'alcool qui s'y forme. L'agitation n'a développé aucune bulle d'acide carbonique dans les deux liqueurs. Celle qui contient du tartre brut avoit une couleur plus rouge par le moyen de l'agitation qui a dissipé les plaques de lie qui étoient à sa surface. Celle à la crême de tartre qui étoit claire a blanchi, et j'ai vu distinctement qu'elle contenoit beaucoup de sel non dissous.

Du 8 Septembre.

Comme la température a été assez chaude pendant tout le temps de cette expérience, et qu'elle n'a manifesté aucun signe de fermentation , j'ai jugé qu'il étoit inutile d'aller plus loin. J'ai passé les deux liqueurs au travers d'une serviette , pour séparer le sel que j'ai fait sécher sur des assiettes ; il y en avoit plus d'une once de chaque espèce. J'ai ajouté de l'acide vitriolique aux deux liqueurs ; elles n'ont éprouvé aucune fermentation , au bout de quinze jours, à dater de l'époque de cette addition.

SECONDE EXPÉRIENCE.

Du 29 Août 1807.

1.° J'ai mis dans une jatte de terre cuite vernissée une once et demie de tartre brut , avec une forte pinte d'eau bouillante ; j'ai agité la liqueur quelque temps ; ensuite j'y ai ajouté une forte livre et demie de bonne cassonnade , du prix de 22 sols la livre. Après la dissolution du sucre, j'ai couvert la jatte.

2.° J'ai fait le même mélange et la même opération dans un autre vase , à l'exception que celui-ci contenoit une once et demie de crême de tartre , au lieu de tartre brut. Après le mélange et l'agitation, j'ai couvert la jatte.

3.° J'ai dissous pareille quantité de cassonnade semblable à celle ci-dessus dans de l'eau , que j'ai mise dans une jatte , mais sans addition de sel.

Du 30 Août.

J'ai examiné la densité des trois liqueurs, par le moyen de l'aréomètre des sels.

La première , au tartre brut , marquoit 22 degrés.

Celle , à la crême de tartre, 18 degrés et demi.

Celle , sans tartre , 21 degrés un quart.

Ces différences proviennent en partie de la plus grande ou moindre quantité d'eau ajoutée , parce que je n'ai pas de mesure précise, pour employer l'eau bouillante.

Du 4 Septembre.

Les trois vases n'ont montré aucun signe de fermentation.

Comme les liqueurs m'ont paru trop sirupeuses , j'y ai ajouté un peu d'eau tiéde. J'ai examiné ensuite leur densité , et j'y ai ajouté de l'eau suivant le degré de concentration que l'aréomètre m'indiquoit.

Du 6 septembre.

Il n'y a aucun indice de fermentation dans les trois vases. Celui qui contient du tartre brut a marqué douze degrés ; celui à la crême de tartre onze degrés , et celui qui ne contient point de tartre treize degrés.

Du 7 Septembre.

Il n'y a aucun indice de fermentation dans les liqueurs des trois vases.

Du 9 Septembre.

Tout étant dans le même état , j'ai passé les liqueurs tartarisées , au travers d'une serviette , pour en séparer le tartre ainsi que les mouches et les frélons qui s'y étoient noyés. J'ai trouvé moins de sel dans ces deux sirops , que dans ceux faits avec du sucre blanc. Ainsi le sirop à la cassonnade paroit dissoudre plus de tartre que l'autre.

Le sirop au tartre brut sembloit donner quelque indice bien foible de fermentation. J'ai conjecturé qu'il étoit dû à la lie que ce sel brut contient.

Du 10 au 20 Septembre.

Nul indice de fermentation.

TROISIÈME EXPÉRIENCE.

Du 13 Septembre.

J'ai mis dans une jatte de terre vernissée de la levûre de bière que j'ai délayée dans de l'eau chaude, ensuite une livre et demie de cassonnade, avec de l'eau chaude, et j'ai couvert la jatte. Ce sirop marque douze degrés et demi, à l'aréomètre des sels.

Du 15

Nul indice de fermentation.

Du 17.

Le sirop ne fermente pas encore. Sa surface est presque entièrement couverte d'écume, parmi laquelle il y a beaucoup de bulles d'air stagnantes; il n'en crève aucune, même à l'aide du soufle.

Du 18.

Ce sirop a un peu plus d'écume qu'hier; aucune bulle ne crève. Il ne paroît aucun mouvement dans la liqueur.

Le 19, le 20, le 21 septembre, les choses sont dans le même état.

Du 22.

J'ai brouillé ce sirop, l'écume a disparu par l'agitation; et le sirop est devenu trouble. J'ai remarqué qu'il y avoit dans le fond du vase un sédiment comme visqueux, provenant de la fécule de la bière, et de la terre de la cassonnade qui se sont précipitées.

F

Du 27.

Ce sirop commence à donner quelques foibles indices de fermentation ; il a fallu de l'attention pour les saisir. C'est le 14.ᵉ jour.

Du 28.

Le même sirop fermente un peu plus qu'hier.

Du 29.

Il continue à fermenter, mais très-lentement. Il n'y a jamais eu une fermentation vigoureuse, jusqu'au 6 octobre, que j'ai été obligé de suspendre toutes mes expériences.

QUATRIÈME EXPÉRIENCE.

Du 26 Septembre 1807.

J'ai délayé de la levûre de bière dans de l'eau chaude ; j'ai ajouté une livre de melasse assez épaisse et noirâtre, et de l'eau, jusqu'à ce que la liqueur ait présenté douze degrés à l'aréomètre des sels ; ensuite j'y ai mêlé une once de crême de tartre ; après quoi l'aréomètre plongé dans la liqueur s'est tenu à treize degrés ; j'y ai ajouté un peu d'eau, pour l'amener entre le onzième et le douzième degré ; et j'ai couvert le vase avec une assiette.

Du 27 Septembre.

Cette liqueur avoit un chapeau considérable, épais et spongieux ; elle étoit claire, mais il y avoit au fond du vase un sédiment épais et comme visqueux. J'ai agité le tout ; la liqueur est devenue très-trouble.

Du 28 Septembre.

La melasse ci-dessus a un chapeau dans le milieu de la liqueur, d'un pouce d'épaisseur; il est formé par une partie de la levûre de bière, et par des bulles d'air, dont quelques-unes sont très-grosses.

La fermentation semble commencer bien lentement et bien foiblement; la liqueur a une odeur vineuse, qu'elle doit en grande partie à la levûre de bière.

Du 29 Septembre.

Les choses sont restées dans le même état jusqu'au 2 octobre.

Du 2 Octobre.

La fermentation est visible, mais elle n'est pas vive. J'ai vérifié que le chapeau qui couvre la plus grande partie de la surface de la liqueur est composé de beaucoup de bulles d'air, qui ne crèvent point et d'un peu de levûre.

Du 3 Octobre.

La fermentation continue à paroître. La liqueur qui avoit d'abord douze degrés environ à l'aréomètre des sels, n'en a plus que sept. Le lendemain elle n'en avoit plus que six et demi.

CINQUIÈME EXPÉRIENCE.

Le sirop fait avec de la cassonnade et de l'eau chaude, et de la levûre de bière seulement, a été encore plus long-temps à prendre le mouvement fermentatif, qui a toujours été lent et peu considérable. Je crois inutile d'en donner le journal. Je dirai seulement que du 13

septembre au 5 octobre , la fermentation n'avoit pas encore cessé , et que le sirop avoit un goût vineux et très-
sucré. Toutes ces expériences faites en petit , ne donnent
des résultats qu'au bout d'un temps très-long.

SIXIÈME EXPÉRIENCE.

Du 28 Septembre au soir.

J'ai délayé de la levûre de bière dans de l'eau bouillante , ensuite j'y ai ajouté une livre de mélasse , semblable à celle de la quatrième expérience. La liqueur ,
après le repos , marquoit douze degrés à l'aréomètre des
sels. J'ai mis le vase qui la contient assez près de la
cheminée.

Du 1.er Octobre 1807, à huit heures du matin.

Le sirop à la mélasse et à la levûre de bière est en
pleine et vigoureuse fermentation , au bout de soixante
heures. Cependant il a eu moins de levûre que tous les
autres ; il n'a point de chapeau du tout , ni aucun gru-
meau à sa surface. Il marque onze degrés et demi à l'a-
réomètre des sels. J'ai brassé la liqueur.

Du 2 Octobre.

La fermentation continue , mais elle est moins forte
qu'hier ; ce qui provient , je crois , du brassage ; la surface de la liqueur est en partie couverte de bulles d'air ,
mêlées d'un peu de levûre ; d'autres bulles viennent crever
à la surface.

Du 4 Octobre.

La fermentation est plus vive ; la liqueur est à onze
degrés de l'aréomètre.

Du 5 Octobre.

La fermentation s'est accrue ; cependant la liqueur présente à l'aréomètre autant de degrés qu'hier.

Les circonstances de mon déménagement m'ont empêché de pousser plus loin cette expérience , ainsi que toutes celles que j'ai rapportées.

OBSERVATIONS.

Voici les réflexions qu'elles m'ont suggérées.

1.º Quand on travaille sur des petites quantités de liqueur , la fermentation est lente dans ses progrès.

2.º Je pense qu'il est à propos , dans ce cas , de délayer la levûre dans de l'eau bouillante, et de la passer ensuite au travers d'un linge pour en séparer la fécule qu'elle contient ; parce que je conjecture que cette fécule ne contribue point à la fermentation , et qu'elle s'oppose en partie à l'exactitude de la marche de l'aréomètre.

5.º Je présume que le brassage, qui occasionne le développement de beaucoup de bulles d'air , (c'est-à-dire , de l'acide carbonique) rallentit ensuite le mouvement fermentatif dans des très-petites quantités de liqueur. Dom Gentil prétend (page 191 de son Mémoire) que dans les cuves du moût, le brassage de la circonférence au centre et du bas en haut , accélère la fermentation. Il est certain que par ce moyen répété souvent, elle doit approcher du degré de simultanéité.

4.º Je suis porté à croire, que le suc fermentant de quelques fruits sucrés, tels que la poire, la pomme, le raisin, seroit plus propre à former un bon levain, que la levûre de bière. Il seroit à propos d'en faire l'expérience, parce

que si elle obtenoit le succès que j'en espère, les vignerons de tous les pays auroient sous la main, en quantité
arbitraire, un ferment qu'ils pourroient employer sans
frais, dans les circonstances où ils croiroient son usage
utile, ou nécessaire. La levûre de biére ne se trouve pas
en abondance dans tous les pays de vignobles; elle est
plus chère que le suc des fruits que j'ai cités; et le ferment
découvert par Fabroni, c'est-à-dire, le gluten du bled,
ne me paroît pas aussi propre à remplir l'objet désiré, non-
seulement parce que les vignerons ne sauroient pas le
préparer, mais encore parce qu'étant insoluble, il ne paroît pas pouvoir agir sur une grande masse de liquide.
J'avoue même que j'ai quelques doutes sur ses propriétés
fermentatives, à moins qu'on n'en mette une grande quantité dans un petit volume de liquide. Pour s'assurer si ce
ferment a la vertu qu'on lui attribue, il faudroît en
mêler avec du sirop fait avec du sucre en pains, auquel
on donneroit une densité telle qu'il fixeroit à douze degrés
l'aréomètre des sels de Baumé.

Si on mêle de ce gluten avec du moût ou avec toute
autre liqueur disposée par elle-même à entrer en fermentation, on pourra très-bien attribuer le mouvement
fermentatif à la substance végéto-animale, tandis qu'il
n'et dû qu'à la végétale.

Pendant l'impression de ces feuilles, il a paru un rapport de M. *Malte-Brun*, dans le Journal de l'Empire du
10 octobre 1807 sur l'*Art de faire le vin* et sur l'*Art de
teindre le coton en rouge*, par M. Chaptal. Ce Journaliste, connu par son érudition et par ses connoissances
en géographie, a eu non seulement le courage de relever

les erreurs géographiques de notre Chimiste, mais encore
d'attaquer le corps entier de l'ouvrage qui traite de l'*Art
de faire le vin*, après avoir prodigué des éloges à l'Auteur.
Je ne les reprendrai pas, parce qu'elles sont en contradiction avec les critiques du Journaliste que j'adopte, et qui
sont confirmées plus en détail dans mes observations.

J'ai donc la satisfaction de voir que mon opinion sur
un ouvrage des plus médiocres est conforme à celle de
plusieurs de personnes éclairées.

« Plusieurs lettres, (dit M. Malte-Brun), insérées dans
» les Annales de l'Agriculture, journal très-estimable (1),

---

(1) Dans le 6.e cahier du tome III de ces Annales, on trouve un extrait
de L'ART DE FAIRE LE VIN , par M. Teissier, connu long-temps
avant la révolution , par ses connoissances agricoles , Membre de
l'Institut National , et de la Société d'agriculture , et très-souvent
employé par le Ministre de l'Intérieur Chaptal. Le Journaliste donne
les plus grands éloges à l'ouvrage de son protecteur. Comme il
n'a que des connoissances vagues et superficielles sur l'œnologie , la
reconnoissance (1) lui a dicté , sans hésitation , les éloges qu'il pro-
digue à son bienfaiteur. C'est un sentiment très-louable assurément. Mais l'impartialité, dont un Journaliste doit faire profession,
auroit dû l'engager à prendre conseil de personnes plus instruites
que lui de l'Art dont il a parlé. Sa confiance dans les assertions
de son collègue l'a porté à les répéter avec assurance. Il n'a répété
que des erreurs.....

(1) Le Ministrre de l'Intérieur a des places à donner , et des emplois
à confier à des hommes de lettres ; et de plus , il a la feuille des
gratifications et des pensions. M. François de Neuf-Chateau , étant
Ministre de l'Intérieur , m'avoit porté sur la liste des candidats pen-
sionnaires , sans sollicitation de ma part , ni de la part de qui que
ce soit. Je prie ce vertueux et respectable Sénateur d'agréer l'expression de ma reconnoisance. Je tiens à honneur d'avoir obtenu
l'estime d'un homme qui sait apprécier les services rendus à l'Etat.

» paroissent établir comme un fait que les méthodes de
» M. Chaptal ne sont pas d'une application aussi géné-
» rale et aussi sûre qu'il l'annonce ; que les mauvais
» vins n'en deviennent pas meilleurs, et que, malgré
» tous les artifices chimiques » (il parle sans doute de
ceux conseillés par l'auteur), « le raisin de Surêne ne
» produit que de la piquette : enfin ces antagonistes af-
» firment, qu'en suivant ses procédés, on détruiroit la
» qualité des vins de Bourgogne, de Champagne ou de
» tout autre dont le mérite dépend de son bouquet.
» D'autres observations critiques circulent parmi les
» Chimistes : on pense que les assertions de M. Chaptal
» sur la *présence* du tartre » (il a voulu dire sur l'effet
du tartre) «dans la fermentation vineuse ne sont pas suf-
» fisamment prouvées » ; (on a pu voir dans le cours de
ma critique qu'elles sont erronnées), « que son explica-
» tion des effets du souffrage n'est qu'une conjecture ha-
» sardée ; enfin que les maladies de la vigne n'ayant pas
» été observées avec soin, les théories que M. Chaptal en
» donne sont encore au rang des systèmes arbitraires. »
Quoique la théorie de M. Chaptal sur les effets du
souffrage des vins m'ait paru non seulement *hasardée*,
mais vicieuse, je n'en ai pas parlé, parce que je n'ai aucune connoissance acquise par l'expérience sur cette opération de l'art, et que laissant de côté une explication
conjecturale, quoique donnée magistralement, j'ai sup-
posé que l'expérience, ayant établi depuis long-temps cet
usage dans beaucoup de vignobles, on avoit dû en reconnoître les avantages. J'avoue cependant que j'ai été fâché de voir qu'au Cap de Bonne-Espérance on soufroit le
fameux vin rouge de Constance, lorsqu'on le mettoit dans

des petits barrils qu'on y nomme *alverammes*, et qui contiennent environ 80 bouteilles. On prétend que cette opération contribue à soutenir la qualité du vin qu'on des-
tine à être transporté en Europe. J'ai bu à l'Orient du vin
de Constance rouge qui avoit été soufré, et qui venoit
d'arriver; il avoit perdu une partie de sa couleur et de
son parfum, et il avoit un goût de soufre qu'il perd à la
longue ; mais il ne recouvre pas sa couleur, et il n'a pas
autant de parfum que celui qu'on a transporté du Cap en
Europe en bouteilles, et qui n'a pas été soufré. La
crainte qu'on a, que ce vin renfermé dans des alverammes,
ne soutienne pas la mer, n'est pas fondée, puisqu'il est
extrêmement sucré, et même très-spiritueux. Il a de quoi
fournir à une fermentation lente, quelque prolongée qu'elle
puisse être, pendant le trajet de mer du Cap en Europe.

« Nous terminerons ces remarques » (ajoute le Journaliste, qui en a fait plusieurs que je supprime) « en
» demandant à l'auteur pourquoi, tout en profitant
» d'un Mémoire intitulé : *Observations sur l'Art de faire*
» *le vin rouge, par M. de Sampayo*, et inséré dans les
» Annales de l'Agriculture, il n'a pas rendu justice à
» cet écrivain étranger, en le citant.... » Pourquoi, en faisant usage des manuscrits de l'abbé Rozier, M. Chaptal
n'a-t-il pas aussi rendu justice à ce fameux agronome?....
Pourquoi?... Je m'interromps ; il me semble entendre
ce fameux vers d'un de nos Poètes :

Tes pourquoi, dit le Dieu, ne finiroient jamais.

Le même Journaliste fait un grand éloge de l'*Art de
teindre le coton en rouge*, par M. Chaptal. Je ne connois
pas encore cet ouvrage. Il mérite vraisemblablement plus

de confiance que tous les autres écrits de ce savant, puisqu'*il a dirigé un des plus beaux Etablissemens en ce genre*,
et qu'il n'a parlé que d'après sa propre expérience. C'est
aux teinturiers à décider du mérite de cet ouvrage.

Quant à sa *Chimie appliquée aux arts*, à laquelle le Journaliste et plusieurs Savans des amis de l'Auteur, ont donné
beaucoup d'éloges, je dois croire qu'ils sont mérités. Je n'ai
pas encore eu le temps de lire cet ouvrage précieux. J'ai
parcouru seulement l'article, où l'auteur traite du muriate
suroxigéné de potasse ; il m'a paru écrit avec cette négligence qui caractérise les ouvrages de l'Auteur. Si les
quatre volumes de cette Chimie sont du même style, je
serai forcé de rabattre beaucoup de la bonne opinion
qu'on a voulu nous en donner. D'un autre côté cet article manque d'exactitude, et ne présente pas des raisonnemens fort justes. Il faut croire que les autres ar-
ticles sont mieux traités que celui-ci. Dans ce cas, je
m'empresserai de joindre ma foible voix à celles des
personnes qui l'ont préconisé.

Mais, dans le cas contraire, je prends l'obligation de
publier les observations que me suggérera la lecture d'un
Ouvrage prôné par des Savans, autant que mes foibles
lumières me le permettront. Il s'agit du perfectionnement
des Arts. Quelle attention, quelle impartialité ne doit-on
pas apporter, dans l'examen d'un écrit qui peut contribuer à la prospérité de la Patrie, s'il est bien fait, et lui
être dommageable, s'il est rempli d'erreurs ; parce que la
confiance que l'on a dans la réputation de l'Auteur, et
dans ses partisans, entraîneroit les Artistes à suivre des
méthodes défectueuses et des procédés vicieux.

APPENDICE.

Le sujet qui est traité dans cet Appendice n'a aucun rapport à la zimotechnie. Si cette addition ne trouve pas grâce aux yeux de la plupart des lecteurs, ils pourront fermer la brochure. Mais peut-être s'en trouvera-t-il quelques-uns que la curiosité portera à entreprendre la lecture du morceau que je vais publier.

Jusqu'à présent j'ai donné quelques observations sur l'*Art de faire le vin*, publié trois fois à différentes époques par M. Chaptal, qui a pu croire innocemment que le silence qu'on avoit gardé jusqu'à ce jour sur son ouvrage étoit une approbation tacite. Maintenant je vais répondre à l'une de ses négations sur un fait que j'ai avancé comme positif, *de visu*, dans mes *Recherches physiques et chimiques sur la fabrication de la poudre à canon*, un volume *in*-8.° publié cette année, chez Bailleul, imprimeur-libraire, rue Helvétius, n.° 71.

J'ai adressé la lettre que je vais rapporter au Président de la première classe de l'Institut National, à laquelle j'ai l'honneur d'appartenir, en qualité de *Correspondant*, titre que l'Académie royale des Sciences de Paris m'avoit fait l'honneur de m'accorder en 1774, et que je ne devois sans doute qu'à mon zèle ardent pour la propagation des sciences et pour les progrès des arts utiles.

L'un des secrétaires de l'Institut chargé de lire la correspondance manuscrite n'a lue qu'une partie de cette lettre, en déclarant qu'elle ne méritoit pas d'être achevée. Il l'avoit sans doute parcourue, avant de faire cette déclaration.

Il se peut que ce soit en effet son opinion. Si elle étoit irréfragable, je garderois le silence par soumission et par amour-propre ; mais comme plusieurs personnes qui passent pour avoir du sens et des connoissances en ont porté un jugement contraire, j'ai pensé qu'il n'y avoit pas d'inconvénient à la publier, d'autant plus qu'elle détaille des expériences nouvelles qui confirment le fait contesté. *In omnibus ferè minùs valent præcepta quàm experimenta.*

Il se peut aussi que M. le Secrétaire, voyant un de ses collègues attaqué dans cet écrit, ait cru devoir, par ménagement pour lui, en supprimer la lecture ; d'autant plus que l'on conserve naturellement une sorte d'égard pour un Ex-Ministre, et que l'on en voue à un dignitaire de l'Empire. Personne n'est plus pénétré de respect que moi pour cette classe supérieure de Citoyens ; mais il s'agit dans cette occasion du triomphe de la vérité ; elle est plus auguste que tous les titres du monde.

Il se peut enfin que l'honorable secrétaire, ayant été témoin des discussions qui se sont élevées dans une séance de l'Institut National sur l'inflammation vraie ou fausse du charbon comprimé fortement, ait voulu éloigner le renouvellement d'un schisme scientifique, qui auroit pu avoir lieu, sur une question qui n'a encore en sa faveur que mes observations et mes expériences.

Je pourrois encore supposer que le Secrétaire, ayant

entendu le rapport verbal que MM. Chaptal et Fourcroy(1) ont fait à l'Institut de mon ouvrage qui traite de la fabrication de la poudre à canon, en ait pris l'idée désavantageuse que ces Messieurs ont voulu en donner, et que ce soit cette raison qui ait déterminé son opinion sur ma lettre au Président de l'Institut. Cela suppose que le secrétaire n'a pas lu mon ouvrage ; car il auroit su que la méthode que j'ai enseignée à l'Isle-de-France de fabriquer de la poudre y est suivie avec succès depuis vingt-six ans, et qu'elle a été adoptée à Essonne depuis treize ans. Ces faits sont plus frappans que tous les témoignages de qui que ce soit.

Dans ces trois derniers cas, je ne puis que louer la circonspection, ou la sagesse, ou la confiance du Secrétaire.

Comme je désire beaucoup l'instruction, et que je voudrois que l'on me démontrât que je me suis trompé, lorsque j'ai aperçu l'inflammation du charbon par l'effet d'une forte compression, ainsi que plusieurs personnes qui

---

(1) Il est assez singulier que les deux Chimistes dont j'ai attaqué les opinions, aient été chargés de faire un rapport sur l'ouvrage qui prouve leurs erreurs ; il est peut-être plus singulier qu'ils ne se soient pas récusés. Quoiqu'il en soit, M. Chaptal l'a fort dénigré, et M. Fourcroy s'est rangé à son avis. Cela ne m'empêche pas d'avoir pour ce dernier tout le respect qui est dû à son rare mérite ; et si je ne craignois de lui déplaire, je lui communiquerois quelques erreurs de fait qui m'ont frappé dans son excellent et immortel ouvrage, intitulé : *Système des connoissances chimiques.* Ces erreurs proviennent des autorités qu'il a consultées et qui sont loin d'être exactes. Quant à M. Chaptal, on sait qu'il est tranchant dans ses jugemens, et que tous ceux qui ne sont pas de son avis, ne sont que des ignorans ou des charlatans. Quelle foi peut-on prendre dans le jugement qu'il a porté sur un ouvrage qui contredit ses opinions.

étoient présentes au moment de l'apparution de ce phénomène, j'ai adressé à l'un des collaborateurs du *Moni-
teur* ma lettre à l'Institut, pour l'insérer dans ce journal.
Je n'ai point reçu de réponse, et j'ignore d'où provient
sa retenue. Je ne chercherai même pas à deviner ses
motifs, parce que cela me paroît très-inutile.

J'avoue même que je ne suis pas fâché du silence de
l'un et du refus de l'autre, parce qu'en publiant moi-
même ma lettre à l'Institut, je puis y ajouter quelques
notes, dont quelques-unes ne sont peut-être pas sans
intérêt.

APPENDICE.

A Monsieur le PRÉSIDENT *de la première Classe de l'Institut National.*

Paris, le 7 Septembre 1807.

MONSIEUR,

J'ai appris que dans l'une des séances de l'Institut National, M. Chaptal avoit nié formellement que le charbon pût s'enflammer par le moyen de la pression d'un cylindre vertical en mouvement, et pesant cinq milliers. J'ai dit dans mes *Recherches physiques et chimiques sur la fabrication de la poudre à canon,* que j'ai publiées cette année, que j'avois observé deux fois, avec deux personnes attachées au service du moulin à poudre de l'Isle-de-France, du charbon comprimé sous une meule verticale, tournant sur son axe, prendre feu; et j'ai attribué à cette propriété du charbon les sauts de moulin dont on ignoroit la cause avant cette observation.

Il me semble que pour contredire un fait positif annoncé par un homme de lettres et d'honneur, il faudroit avoir des preuves matérielles et convaincantes à alléguer. Celles que l'on tireroit du raisonnement doivent être rejetées dans la discussion d'un fait.

On m'assure que plusieurs bons physiciens de l'Institut National ont soutenu la vraisemblance de l'inflammation spontanée du charbon, contre la négation de M. Chaptal.

Je me flatte de pouvoir confirmer leurs assertions par des preuves sans réplique. Il est intéressant pour les progrès des connoissances, que les faits, qui paroissent les plus extraordinaires aux yeux des personnes vouées à l'incrédulité, soient discutés en présence d'une compagnie respectable, la plus savante de l'Europe. Un fait bien observé, fût-il en contradiction avec tous les systêmes, doit être reconnu. Mais celui-ci n'est pas dans ce cas. Loin de contredire les systêmes admis, il me paroit les appuyer et les *corroborer*, si je puis m'exprimer ainsi.

D'ailleurs, ne seroit-il pas possible que les charbons employés en France n'eussent pas la propriété de s'enflammer spontanément (ce qui ne me paroit pas vraisemblable, d'après les explosions fréquentes des moulins à poudre, et d'après des expériences que je citerai), tandis que le charbon du Bois-de-Demoiselles (*kirganelia*, Jussieu, *genera plantarum*) (a), arbrisseau indigène à l'Isle-de-France, s'enflammeroit par l'effet de la pression ou de la percussion.

Je ne vois pas ce que ce phénomène a d'étonnant, sur-tout depuis la belle découverte de M. Berthollet, qui a cru reconnoître la présence de l'air inflammable dans le charbon. Ne sait-on pas que la compression de l'air atmosphérique développe une étincelle? On n'ignore pas que par le moyen d'un frottement rapide, on allume facilement du bois pourri. Il n'est pas sans exemple qu'on ait allumé du bois sain par le même moyen. On connoît l'anecdote de ce forgeron qui, à force de battre un clou avec un marteau sur une enclume, parvenoit à le faire rougir.

D'un autre côté, l'expérience ne vient-elle pas à

(a) *Voyez* la pag. 103.

pui de mon observation ? Le moulin à poudre de l'Isle-
de-France sautoit très-fréquemment, avant l'adoption de
ma méthode, c'est-à-dire, lorsqu'on exposoit les matières
brutes à la percussion des pilons ou à la pression des cylindres ; j'en ai fourni une preuve officielle. Or on sait que
ni le soufre ni le salpêtre ne s'enflamment spontanément
par l'effet de ces deux mouvemens. Et depuis 1781 qu'on
suit dans cette colonie ma méthode, qui consiste à pul-
vériser séparément et préliminairement les trois matières qui composent la poudre, les deux moulins, tant
celui à trente pilons que celui à quatre cylindres, n'ont pas
éprouvé d'explosions. J'en ai encore fourni la preuve officielle dans mon ouvrage. Il me semble que cette longue
expérience (pendant vingt-six ans) confirme mon observation de l'inflammation du charbon, et qu'il faut être bien
difficile en preuves pour ne pas se rendre à celle - ci ; ou
bien qu'il faut avoir pris la détermination de contredire.
Mais alors ne s'expose-t-on pas à être trouvé ridicule,
pour ne rien dire de plus ?

Enfin mon contradicteur ne s'est pas rappelé sans doute
que j'avois prévenu que cette inflammation du charbon
avoit lieu dans quelques circonstances particulières que
j'ai données à deviner. Je vois clairement qu'il n'a pas
trouvé le mot de l'énigme, quoiqu'on ne puisse nier qu'il
n'ait des lumières très-étendues et une grande pénétration. Ne devoit-il pas, d'après cela, se méfier du jugement qu'il a porté , sans connoissance de cause ?

Voici, je pense, le moment de m'expliquer plus ouver-
tement ; mais avant d'en venir là , je lui représenterai,
qu'il n'est pas nécessaire d'être, comme lui, initié dans les
profonds mystères de la chimie , pour apercevoir un phé-

nomène de cette nature, et qu'il faut seulement avoir des yeux. Cela est si vrai, que plusieurs nègres qui étoient de service au moulin, lors de l'inflammation du charbon, ont apperçu la flamme aussi bien que moi et les personnes que j'ai citées.

Dans les deux occasions où ce fait a eu lieu, le temps étoit disposé à l'orage; et quelques morceaux de charbon, soumis à la pression du cylindre en mouvement, n'étoient pas parfaitement carbonisés, sans être précisément des *fumerons*.

Si cette déclaration ne satisfait pas les incrédules, j'espère qu'ils se rendront à la suivante.

J'ai essayé cette année, chez M. Margueron apothicaire, si une forte percussion enflammeroit du charbon. J'en ai mis un morceau sur une enclume, et je l'ai frappé avec un marteau. J'ai répété cinq autres fois la même opération, en présence de Madame Margueron, fille de M. Baumé, laquelle a puisé chez son père le goût des expériences, et en présence d'un de mes amis, M. Lamy-Lollier. Sur les six coups de marteau, le charbon a donné deux fois une étincelle. Il est vrai que le temps étoit disposé à l'orage ; il a fait du tonnère peu de temps après cette expérience (b).

On doit inférer de ces essais, que je continue mes recherches sur la fabrication de la poudre. J'ai même obtenu quelques résultats satisfaisans. Je ne désespère pas de pouvoir employer le muriate suroxigéné de potasse, à la place du salpêtre, sans danger. Je devine aisément que cette espérance sera contredite par tous ceux qui n'imagineront pas comment on peut manier une substance

(b) *Voyez* la pag. 104.

aussi inflammable, sans occasionner d'explosion, pendant la fabrication de la poudre (1). Je me propose de divulguer le moyen que je crois avoir trouvé, dans un Supplément que je publierai à mon ouvrage qui traite de l'Art du poudrier, lorsque les circonstances m'auront permis de donner plus d'étendue à mes recherches, et lorsqu'elles auront obtenu la confirmation de leur réussite par des expériences multipliées.

J'aurois désiré que M. Chaptal, qui prétend que je *n'entends rien à l'art du poudrier*, m'eût prouvé, par une critique bien faite de mon ouvrage, qu'il y entendoit beaucoup mieux que moi. Jusque-là, je ne puis pas admettre son opinion; d'autant plus que beaucoup de personnes, dont je respecte les lumières, en ont une diamétralement opposée à la sienne. Les pièces du procès sont entre les mains du public; c'est à lui qu'il appartient de prononcer.

Comme ma méthode est suivie à l'Isle-de-France, avec succès, depuis vingt-six ans passés; et en partie en France depuis plus de douze ans, un fameux chimiste, un bon citoyen auroit dû, ce me semble, pour le bien public, dévoiler les défauts de ma méthode, au lieu de la dénigrer vaguement dans des sociétés particulières, sans oser se montrer en public; il convient à un homme supérieur en science, d'en déclarer publiquement les vices. Si par hasard ils étoient prouvés, je m'en consolerois par le

---

(1) Cette annonce est bien propre à élever contre moi l'accusation de charlatanisme. C'est précisément pour exciter ce cri, de la part de mes détracteurs, dont je méprise souverainement les calomnies, que j'ai osé faire cette déclaration. Je dis plus ; j'ai déjà commencé quelques expériences qui promettent du succès.

sentiment de ma conscience, qui me dira toujours que mon zèle pour la chose publique m'a porté à entreprendre gratuitement, et même en faisant le sacrifice de mes intérêts (c), un travail pénible et dangereux, dont le succès a jusqu'à présent épargné beaucoup d'argent à l'État, et a sauvé la vie à beaucoup de citoyens, tant à l'Isle-de-France qu'en France.

Il faut convenir que ma méthode est attrayante, non-seulement parce qu'elle prévient les incendies spontanées des moulins à poudre, mais encore parce qu'elle réduit à quatre heures la fabrication, qui employoit, avant mes recherches, vingt-un, vingt-deux et vingt-quatre heures. Comment un ignorant, que dis-je, *un charlatan,* (1) a-t-il pu obtenir des résultats si avantageux, et les divulguer, sans en demander le prix ? Mais s'ils sont accompagnés d'inconvéniens graves, il est à propos de les faire con-

---

(c) *Voyez* la pag. 107.

(1) Je ne me rappelle pas dans quel écrit imprimé, qui avoit pour objet la réfutation de quelques imputations graves faites à l'auteur, on trouvoit répétés à chaque inculpation, ces mots énergiques, MENTIRIS IMPUDENTISSIME. Ce seroit bien ici le cas de renouveller la même apostrophe. Mes détractateurs savent très-bien que je ne suis pas un de leurs confrères ; mais ils suivent à mon égard le précepte de cette duègne de la halle, qui conseilloit à sa commère, dans une querelle que celle-ci soutenoit avec chaleur contre une autre femme : *Appelle la P......, dans la crainte qu'elle ne t'appelle de même.*

Cette observation naïve ne sera pas du goût de tout le monde, mais je prie qu'on me pardonne de ramener mes adversaires au taux d'où ils sont partis, et qu'ils sont les seuls à avoir oublié. Il ne tiendroit qu'à eux qu'on ne s'en souvînt plus, et même que l'on applaudit à leur exaltation. Nous en avons plus d'un exemple, qui font un honneur infini à ceux qui les fournissent.

noître, d'autant mieux que, pendant vingt-six ans de pratique , on ne les a pas apperçus. Quoiqu'il en soit , je désire franchement que l'on fasse mieux, et je déclare de
même que je crois cela très-possible. J'ai indiqué dans
mon ouvrage des moyens d'atteindre une plus grande
perfection. Ce que j'ai détaillé sur le choix à faire des
charbons en est une preuve (d). Il est, je pense, démontré, par le tableau de mes expériences faites en 1781 sur
différens bois exotiques , que les Chimistes étoient tom-
bés dans une erreur grave, en avançant que tous les charbons étoient également bons pour la composition de la
poudre à canon. J'ai proposé de faire de nouvelles recherches sur ceux des différens végétaux de la France ,
par une autre route plus directe et plus certaine que
celle qu'on a prise jusqu'à présent; et je conjecture qu'elles
amèneroient d'heureux résultats, qui forceroient de changer les proportions qui sont suivies des trois matières qui
composent la poudre. Alors on renonceroit à l'emploi
des charbons que l'on préfère actuellement par routine,
pour faire usage de celui auquel on auroit reconnu des
qualités supérieures, par des observations faites avec dis-
cernement.

Je suis avec respect ,

Monsieur le Président ,

Votre très-humble et très-
obéissant serviteur,

COSSIGNY,

Ex-Ingénieur , Correspondant
de l'Institut National.

(d) *Voyez* la pag. 107.

P. S. J'ignore si l'observation, dont j'ai rendu compte dans mon ouvrage sur l'Art du poudrier, des deux inflammations et des deux détonnations successives de la poudre, a été contredite. Elle est aussi nouvelle que celle de l'inflammation du charbon, et peut-être plus curieuse; mais je la crois moins importante par ses conséquences. L'une indique les moyens de préserver les moulins à poudre des incendies spontannées; l'autre ne me paroît susceptible d'aucun résultat avantageux. Quoiqu'il en soit, il est très-facile de vérifier le fait des deux inflammations de la poudre. Il s'agit d'en mettre une bonne pincée dans une marmite propre, et de l'allumer. Un vase de forme cylindrique convient mieux que tout autre à cette expérience. Il faut la répéter plusieurs fois, pour s'assurer du fait.

2ᵉ. *P. S.* Je viens de recevoir une lettre de mon fils, Membre de la Légion d'honneur, et Capitaine au Corps Impérial du Génie. Il a fait, dans cette qualité, toute la campagne d'Allemagne, et celle de Prusse et de Pologne. Il me marque, de Stralsund, le 13 octobre 1807, que lorsqu'il étoit élève à l'École Polytechnique, le goût qu'il avoit déjà pour des expériences, l'a porté plusieurs fois à frapper avec violence des charbons, et que non seulement il avoit apperçu l'inflammation de cette substance, mais encore sa détonnation. Il ajoute que l'effet étoit plus grand, lorsque le charbon étoit placé sur un endroit humide. Quant à moi, je n'ai jamais remarqué de détonnation. Il se peut que je l'aie confondue avec le bruit occasionné par le choc du marteau. L'augmentation de l'effet, lorsque le charbon est en contact avec un peu d'eau, est un phénomène qui me paroît digne d'exercer la sagacité de nos chimistes et de nos physiciens. Y a-t-il dans ce cas décomposition de l'eau? etc....

Avant la réception de cette lettre, j'avais essayé chez M. Mulon, serrurier, rue de Buffault, l'inflammation du charbon. Un jeune homme, qui s'est dit *compagnon* dans cet atelier, a eu la complaisance de frapper les charbons sur une enclume, avec un marteau de fer. Il rioit de cette expérience, et ne croyoit pas à la possibilité de cette inflammation. Il n'a pas apperçu, comme moi, celle qui a eu lieu, la première, parce qu'il n'étoit pas placé favorablement; mais il a apperçu celle qui s'est développée au huitième coup. L'étonnement qu'il a manifesté, avec la candeur de son âge, et avec un enthousiasme difficile à exprimer, a été pour moi un spectacle très-curieux. Voilà donc un incrédule naïf que j'ai converti. Je ne m'attends pas à obtenir le même succès auprès de quelques savans ; car il faut être de bonne-foi, pour convenir même de ce que l'on voit.

Notes à ajouter à la Lettre adressée à M. le Président de la première Classe de l'Institut National.

(*a*). M. Du Petit - Thouars qui a résidé plusieurs années à l'Isle - de - France , où il a fait des observations très - intéressantes sur la botanique , a eu la complaisance de m'instruire sur les caractères du *Bois-de-Demoiselles*. Il dit que cet arbrisseau est voisin , par ses caractères naturels, du *Philanthus* de Linnée, qui appartient à la famille des *Euphorbes*. M. de Jussieu a emprunté ce nom de l'*Hortus Malabarricus* , où *Kirganelli* , est un synonime d'une espéce de *Philanthus*.

M. de Commerson qui a étudié la botanique de l'Isle-de-France, pendant un séjour de plusieurs années dans cette Colonie, où il est mort , a sans doute donné la description de ce végétal dans ses manuscrits qui n'ont pas été imprimés.

(*b*) Le fameux M. Lavoisier, avec lequel je m'entretenois chez lui , en 1790 , de la méthode que j'avois fait adopter à l'Isle - de - France , de fabriquer la poudre à canon , et qui fut très-surpris d'apprendre que , par l'heureux effet de cette méthode , les deux moulins, qui y étoient constamment en activité, n'avoient pas sauté une seule fois depuis neuf ans , M. Lavoisier qui étoit l'un des administrateurs des poudres et salpètres , me dit, entre autres choses , *qu'un grain de poudre placé sur une enclume et frappé violemment avec un marteau, prenoit feu et détonnoit.* J'ignorois ce fait , et j'ai voulu le vérifier. D'abord , je n'ai pas eu la satisfaction de voir un seul grain de poudre (même en choisissant les plus gros) prendre feu par le moyen d'une forte percussion. J'ai augmenté peu - à - peu la dose de la poudre , jusqu'à celle d'une forte pincée ; il n'y a point eu d'inflammation. J'ai essayé aussi sans succès le pulverin. Toutes ces expériences , rapportées dans mon journal , datent du 19 février 1807 ; mais la confiance que j'avois dans les assertions d'un homme aussi célèbre, m'a engagé à répéter ces expériences le 4 mai 1807 , par un temps disposé à l'orage , avec de la poudre de Berne , d'abord réduite en pulverin. Sur trois coups, elle a détonné une fois. La même, soumise en grains à la percussion d'un marteau , a également détonné une fois , sur trois coups.

Cette expérience , dont je rends compte avec naïveté , semble infirmer l'effet que je préconise de la pulvérisation préliminaire des trois matières qui composent la poudre , avant de les soumettre à la percussion ou à la pression. Mais l'on doit considérer 1.º que le pulverin qui s'est enflammé dans les expériences rapportées ci-dessus, est une poudre parfaite , et que le mélange des trois matières est complet ; 2.º que la percussion des pilons n'est pas à beaucoup près, aussi forte que celle d'un marteau qu'on élève beaucoup plus haut, et dont la chûte est accélérée par la force d'un bras nerveux ; 3.º qu'une pincée de pulverin sur une enclume , y est pour ainsi dire , à nud , au lieu que dans les mortiers qui servent à la fabrication, la poudre se trouve entassée , et porte sur un tampon de bois , et non sur du fer ; 4.º que le pulverin employé étoit très-sec, au lieu que la poudre que l'on fabrique est humide.

J'ai voulu essayer en outre , si le choc du marteau, sur l'enclume à nud , donnoit une étincelle. Lorsqu'on frappe à plat , je doute que l'on puisse en obtenir ; mais si le coup porte sur l'angle du marteau , ou sur celui de l'enclume, on voit quelquefois , mais rarement , le développement d'une étincelle. Cette circonstance peut dépendre de la trempe de l'un et de l'autre , et de la disposition où se trouve l'atmosphère. Il me semble que cette dernière considération n'a pas été assez estimée par les physiciens. Je crois qu'elle a beaucoup plus d'influence qu'on ne le pense sur beaucoup de phénomènes de la nature , et qu'elle a de l'action sur les trois règnes. Ce n'est pas ici le lieu de dévolopper les raisons qui m'ont fait adopter cette opinion. Quoiqu'il en soit, le marteau, dans les six expériences que j'ai rapportées, pag. 98, n'a jamais frappé l'enclume à nud ; le charbon a toujours été un intermédiaire qui a empêché le contact des deux fers.

Je crois devoir ajouter ici la particularité suivante que je tire de mon journal , en date du 4 mai 1767.

Après avoir rapporté les deux inflammations du charbon percuté avec un marteau sur une enclume , j'ajoute *que l'une des deux fois, nous avons remarqué un peu de fumée*, et que ce charbon étoit un *fumeron que nous avions choisi exprès*. Enfin je fais l'observation suivante :

« L'air, quoique plus frais qu'hier, parce qu'il est tombé de la
» pluie, étoit électrique ; aussi il a fait un orage dans l'après-midi,
» avec tonnère, des éclairs très-fréquens et beaucoup de pluie qui
» est tombée à verse, mais qui n'a duré que 15 à 20 minutes. »

J'ai appris que M. Chaptal avoit dit, entr'autres choses, dans son rapport à l'Institut National sur mon ouvrage qui traite de la fabrication de la poudre à canon, que l'inflammation spontannée du charbon, que j'ai été *le premier* à annoncer, étoit fausse. C'est comme si je niois, sans motifs fondés, sans raisons apparentes, sans entrer dans aucune discussion, sans fournir aucune preuve, l'observation de quelque phénomène nouveau, uniquement parce que M. Chaptal auroit été le premier à le faire connoitre. On sent bien que ce raisonnement n'est qu'une supposition gratuite ; car je ne sache pas que cet écrivain, quelque fameux qu'il soit, ait jamais publié l'observation d'aucun phénomène nouveau. Ce n'est pas sans doute par défaut de science, de talent et de pénétration ; puisque nos plus habiles chimistes qui sont ses confrères et ses amis ont vanté et proné ses ouvrages ; et certes ils ne sont pas gens à se laisser éblouir par l'éclat des dignités, dont il a été, et dont il est encore revêtu, ni par celui des richesses qu'il possède. Il faut donc croire que le *hazard*, à qui nous devons de grandes découvertes, ne l'a pas servi ausssi bien que *l'aveugle fortune*. J'avoue franchement que c'est à lui que je dois une partie de celles que j'ai exposées dans mon ouvrage sur la poudre ; telles que l'inflammation spontannée du charbon par un temps orageux, circonstance applicable à beaucoup d'autres cas, que je pourrois bien avoir saisi *le premier*, circonstance qui influe même sur l'inflammation du muriate suroxigé de potasse, comme il conste d'après mes propres expériences, dont je rendrai compte quelque jour ; 2.º les deux inflammations et les deux détonnations successives de la poudre ; 3.º la volatilisation d'une partie des matières salines et terreuses que le salpêtre et le charbon fournissent, après la combustion de cette munition ; 4.º l'élasticité qu'acquiert le bois, lorsqu'il est humecté. Les autres découvertes, également détaillées dans mon ouvrage, sont dues à mes réflexions et aux expériences qu'elles m'ont suggérées. C'est ainsi que j'ai reconnu : 1.º que les cristaux de salpêtre les plus gros étoient les plus purs, et convenoient mieux, contre l'opinion générale, à la fabrication de la poudre, que les petits cristaux ; 2.º que la poudre fabriquée par les pilons ou par les cylindres, avoit atteint son maximum de force au bout de quatre heures de battue ; 3.º que c'étoit une erreur de croire que tous les charbons étoient également propres à la composition de cette munition ; 4º que la *poudre cuite*, fabriquée dans une heure de temps, avoit des qualités supérieures à celle fabriquée par la méthode ordinaire, en 21 ou 24 heures ; 5.º que l'opération du grainage, telle qu'on la pratique en France, n'étoit ni la plus expéditive, ni la plus avantageuse à suivre, etc., etc.

(c) La circonstance étoit pressante. On préparoit à l'Isle-de-France une expédition considérable qui devoit porter la guerre dans l'Inde. On n'avoit que de la mauvaise poudre à fournir. Le Gouverneur général employa les plus vives instances, pour m'engager à faire des recherches, sur la fabrication de la poudre, dans la vue de perfectionner cette munition. Je ne dirai pas qu'il les accompagna de promesses séduisantes, parce qu'il n'en falloit pas tant, pour exciter mon zèle. Je me livrai donc avec ardeur à cet important travail, quoique je vécusses alors dans la retraite : Je quittai le soin de mes habitations, dont la prospérité exigeoit ma présence, pour séjourner au moulin à poudre. Il est, je crois, très-inutile que je détaille ici les dommages que m'a causés cette absence. Tous ceux qui ont habité les colonies savent combien l'œil du maître est précieux, sur-tout lorsqu'il entreprend des constructions nouvelles, des défrichemens et des plantations. C'était précisément le cas où je me trouvois.

(d). Dans ma retraite, j'ai fait quelques expériences nouvelles sur des charbons de différens bois de la France, elles pourront trouver un jour leur place, avec celles que je projette

---

E R R A T A.

Pag. 13, lig. 19, *parait*, lisez *paroil*.
Pag. 26, ligne 28, *des emblable*, lisez *de semblable*.
Pag. 47, pénultième ligne de la note, *Roshurg*, lisez *Roxburgh*.
Pag. 64, lig. 18, 3 *degrés et demi*, lisez 33 *degrés et demi*.
Pag. 87, lig. 9, *plusieurs de personnes*, lisez *plusieurs personnes*.
Pag. 92, lig. 1.ere, *n'a lue*, lisez *n'a lu*.
Pag. 96, dernière lig., *la page* 103, lisez *la page* 104.